特高压工程工艺标准

（2022年版）

国家电网有限公司特高压建设分公司　组编

内 容 提 要

为进一步落实国家电网有限公司"一体四翼"战略布局，促进"六精四化"三年行动计划落地实施，提升特高压工程建设管理水平，国家电网有限公司特高压建设分公司系统梳理、全面总结特高压工程建设管理经验，提炼形成《特高压工程建设标准化管理》等系列成果，涵盖建设管理、技术标准、施工工艺、典型工法、经验案例等内容。

本分册为《特高压工程工艺标准（2022年版）》，包括土建篇和电气篇两部分。土建篇部分继续执行《国家电网有限公司输变电工程标准工艺》158项，新增调相机基座施工工艺标准、CAFS消防系统工艺标准、阀厅钢结构工艺标准等工艺标准26项；电气篇部分继续执行《国家电网有限公司输变电工程标准工艺》62项，新增调相机本体安装、柔性直流断路器安装、1000kV串联电容器补偿装置安装等工艺标准11项。

本套书可供从事特高压输变电工程建设的技术人员和管理人员学习使用。

图书在版编目（CIP）数据

特高压工程工艺标准：2022年版/国家电网有限公司特高压建设分公司组编．—北京：中国电力出版社，2023.4

ISBN 978-7-5198-7523-7

Ⅰ.①特… Ⅱ.①国… Ⅲ.①特高压输电－电力工程－工程施工－标准－中国②特高压输电－变电所－工程施工－标准－中国 Ⅳ.①TM723-65②TM63-65

中国国家版本馆CIP数据核字（2023）第011012号

出版发行：中国电力出版社
地　　址：北京市东城区北京站西街19号（邮政编码100005）
网　　址：http://www.cepp.sgcc.com.cn
责任编辑：翟巧珍　王　南（010－63412876）
责任校对：黄　蓓　朱丽芳
装帧设计：郝晓燕
责任印制：石　雷

印　　刷：北京瑞禾彩色印刷有限公司
版　　次：2023年4月第一版
印　　次：2023年4月北京第一次印刷
开　　本：880毫米×1230毫米　横16开本
印　　张：6.5
字　　数：197千字
定　　价：60.00元

《特高压工程工艺标准（2022 年版）》

编　委　会

本书编写组

组　　长　程更生

副 组 长　白光亚　倪向萍

主要编写人员

土 建 篇　吴　畏　李国满　曹加良　王小松　吴昊亭　李康伟　许　瑜　程怀宇　孟令健　陈绪德　李　昱　谢永涛　蔡刘露　杨洪瑞　刘凯锋　杜常见　谌柳明　汪旭旭　潘青松　巨　斌　关海波　肖景瑞

电 气 篇　侯　镭　王茂忠　马卫华　吴继顺　汪　通　唐云鹏　李天佼　张　鹏　徐嘉阳　宋洪磊　刘　波　陈　琳　马云龙　刘　超　徐剑峰　靳卫俊　龙荣洪

序

从2006年8月我国首个特高压工程——1000kV晋东南—南阳—荆门特高压交流试验示范工程开工建设，至2022年底，国家电网有限公司已累计建成特高压交直流工程33项，特高压骨干网架已初步建成，为促进我国能源资源大范围优化配置、推动新能源大规模高效开发利用发挥了重要作用。特高压工程实现从"中国创造"到"中国引领"，成为中国高端制造的"国家名片"。

高质量发展是全面建设社会主义现代化国家的首要任务。我国大力推进以稳定安全可靠的特高压输变电线路为载体的新能源供给消纳体系规划建设，赋予了特高压工程新的使命。作为新型电力系统建设、实现"碳达峰、碳中和"目标的排头兵，特高压发展迎来新的重大机遇。

面对新一轮特高压工程大规模建设，总结传承好特高压工程建设管理经验、推广应用项目标准化成果，对于提升工程建设管理水平、推动特高压工程高质量建设具有重要意义。

国家电网有限公司特高压建设分公司应三峡输变电工程而生，伴随特高压工程成长壮大，成立26年以来，建成全部三峡输变电工程，全程参与了国家电网所有特高压交直流工程建设，直接建设管理了以首条特高压交流试验示范工程、首条特高压直流示范工程、首条特高压同塔双回交流示范工程、首条世界电压等级最高的特高压直流输电工程为代表的多项特高压交直流工程，积累了丰富的工程建设管理经验，形成了丰硕的项目标准化管理成果。经系统梳理、全面总结，提炼形成《特高压工程建设标准化管理》等系列成果，涵盖建设管理、技术标准、工艺工法、经验案例等内容，为后续特高压工程建设提供管理借鉴和实践案例。

他山之石，可以攻玉。相信《特高压工程建设标准化管理》等系列成果的出版，对于加强特高压工程建设管理经验交流、促进"六精四化"落地实施，提升国家电网输变电工程建设整体管理水平将起到积极的促进作用。国家电网有限公司特高压建设分公司将在不断总结自身实践的基础上，博采众长、兼收并蓄业内先进成果，迭代更新、持续改进，以专业公司的能力与作为，在引领工程建设管理、推动特高压工程高质量建设方面发挥更大的作用。

2022年12月

前言

2011～2017年，国家电网公司陆续出版《国家电网公司输变电工程标准工艺》（一）～（六）系列成果，包括标准工艺和典型施工方法。2022年，国家电网公司基建部将原《国家电网公司输变电工程标准工艺》（一）～（六）系列成果，按照变电工程、架空线路工程、电缆工程专业进行系统优化、整合，单独成册，出版了《国家电网有限公司输变电工程标准工艺》。这一系列输变电工程标准工艺是国家电网公司标准化成果的重要组成部分，对统一线路工程施工工艺要求、规范施工工艺行为、严格工艺纪律、提高施工工艺水平，推动施工技术水平和工程质量的提升具有重大意义。

为落实国家电网公司基建“六精四化”三年行动计划，进一步统一建设标准，建立适合特高压工程的技术标准体系，努力打造特高压标准化建设中心，高质量建成并推动特高压“五库一平台”落地应用，国家电网有限公司特高压建设分公司组织各部门、工程建设部，结合特高压工程特点：一是梳理分析《国家电网有限公司输变电工程标准工艺》（简称《2022版国网标准工艺》）变电工程电气、土建分册中适用于特高压工程方面的工艺标准内容，予以继续沿用；二是总结近几年±1100kV特高压换流站工程、柔性直流换流站工程、调相机工程方面已应用的新设备、新要求、新工艺，编写工艺标准，填补国家电网公司工艺标准；三是梳理特高压变电工程上已成熟应用的，并且未纳入国家电网公司标准工艺的施工工艺，编制相应的工艺标准，作为国家电网公司下发的标准工艺的完善补充。

《特高压工程工艺标准（2022年版）》包括土建篇和电气篇两部分。土建篇部分继续执行《2022版国网标准工艺》158项，新增调相机基座施工工艺标准、CAFS消防系统工艺标准、阀厅钢结构工艺标准等工艺标准26项。电气篇部分继续执行《2022版国网标准工艺》62项，新增调相机本体安装、柔性直流断路器安装、1000kV串联电容器补偿装置安装等工艺标准11项。每项工艺内容包括工艺编号、项目/工艺名称、工艺标准、施工要点、图片示例，是对特高压工程工艺标准的总结，为现场工艺执行提供了标准，对具体的施工作业有很强的指导意义。

国家电网有限公司特高压建设分公司将结合“五库一平台”建设，继续开展工艺标准的深化研究，根据特高压工程建设实际，对特高压工程工艺标准进行动态更新，持续完善，打造更完善的特高压技术标准体系，服务特高压工程高质量建设。

编者

2022年12月

目录

第2篇 电 气 篇

第1篇 土 建 篇

第1章　工程测量与土石方工程工艺标准

1.1　现浇混凝土压花护坡工艺标准

工艺编号	项目/工艺名称	工艺标准	施工要点	图片示例
TGYGY001-2022-BD-TJ	现浇混凝土压花护坡	（1）边坡坡面基层平整度偏差≤50mm，坡面无危石、松土、凹坑等。 （2）坡道边角应顺直，面层表面洁净，无裂纹、脱皮、麻面和起砂现象。 （3）坡面为清水混凝土工艺，原浆压光，不得二次抹面。 （4）坡面压制花纹应整齐，顺直。槽深、槽宽一致。 （5）坡面几何尺寸偏差≤10mm。表面平整度偏差≤3mm。 （6）混凝土压花坡面高度应符合设计要求，应起到防止水土流失作用	（1）材料：垫层的混凝土强度等级宜采用C20，面层混凝土强度宜采用C30。 （2）工艺流程：提浆压光—精收光—二次收光—撒脱模粉—用模具压印地面—养护—完工。 （3）边坡修坡：采用坡脚线控制的原则，先进行机械修坡，将坡面进行粗平，然后再进行人工修坡，确保坡面满足平整度要求，坡面压实系数应满足设计要求；按图纸夯填碎石层，洒水湿润后拍紧夯实。 （4）护坡施工。浇筑60mm厚垫层，刮平并表面搓毛。洒水养护2～3d后，浇筑40mm厚细石混凝土面层，面层采用表面压光，分三次压光成面。施工时宜采取跳仓施工方法，以便施工人员可在施工区域两侧设置简易操作平台。 （5）坡面压花：应根据环境条件掌握好时间，面层压光后及时采用模具按压。首先采用整体模具压制，然后可采用小模具补压较浅花纹，确保达到统一效果。（模具大小根据分割缝可设置为3m×1m，小六边形边框可设置为0.3m×0.3m）。 （6）伸缩缝设置。伸缩缝按设计要求设置。 分格缝与围墙及围墙散水对缝。缝宽20mm，用沥青麻丝填缝，表面采用硅酮耐候胶密封。	图1.1-1　垫层 图1.1-2　护坡面层压花证明效果 图1.1-3　护坡面层压花侧面

续表

工艺编号	项目/工艺名称	工艺标准	施工要点	图片示例
TGYGY001-2022-BD-TJ	现浇混凝土压花护坡		（7）养护。护坡养护派专人负责，并在浇筑完成后12h内开始养护，使坡面一直保持湿润状态，养护期为14d。养护期间严禁行人、车辆在上面走动。 （8）护坡排水孔设置与砌石护坡标准工艺相同	图 1.1-4　压花模具

1.2　现浇钢筋混凝土挡土墙工艺标准

工艺编号	项目/工艺名称	工艺标准	施工要点	图片示例
TGYGY002-2022-BD-TJ	现浇钢筋混凝土挡土墙	（1）采用现浇清水混凝土施工工艺，混凝土表面光洁、平整，棱角分明，颜色一致。混凝土强度等级应根据结构承载力和所处环境类别确定，且不应低于C25。 （2）墙高≤6m时，垂直偏差≤10mm，墙高>6m时，垂直偏差≤15mm。顶面标高偏差为−5～+5mm之间，断面尺寸（厚、高）偏差为−5～+5mm。	（1）材料：宜采用普通硅酸盐水泥，强度等级≥42.5级，质量要求符合《通用硅酸盐水泥》（GB 175—2007）。粗骨料采用碎石，含泥量≤1%。细骨料采用中砂，含泥量≤5%；其他质量要求符合《普通混凝土用砂、石质量及检验方法标准》（JGJ 52—2006）。采用饮用水拌和，当采用其他水源时水质应达到《混凝土用水标准》（JGJ 63—2006）的规定。 （2）定位放线：根据施工图和控制点用经纬仪定位放线，划分施工段，测定挡土墙墙趾处路基中心线及基础主轴线、墙顶轴线、挡土墙起讫点和横断面，注明高程及开挖深度。用石灰粉撒出边线，并在挡土墙基础中心线设置控制桩。测量放样在路基中轴线应加密桩点，一般在直线段每15～20m设一桩，曲线段每5～10m设一桩，并应根据地形和施工放样的实际需要增补横断面；	图 1.2-1　钢筋混凝土挡土墙施工

续表

工艺编号	项目/工艺名称	工艺标准	施工要点	图片示例
TGYGY002-2022-BD-TJ	现浇钢筋混凝土挡土墙	（3）混凝土保护层厚度≥35mm，底板的保护层厚度≥40mm。受力钢筋直径≥12mm，间距≤250mm。 （4）悬臂式挡墙截面尺寸应根据强度和变形计算确定，立板顶宽和底板厚度≥200mm。当挡墙高度＞4m时，宜加根部翼。 （5）纵向伸缩缝间距宜采用10～15m。在挡土墙高度突变处及与其他建（构）筑物连接处应设置伸缩缝，在地基岩土性状变化处应设置沉降缝。沉降缝、伸缩缝的缝宽宜为20mm，缝中应填塞沥青麻筋或其他有弹性的防水材料，填塞深度≥150mm，表面用硅酮耐候胶密封。当混凝土挡墙兼做防洪墙时采用错口缝	放桩位时，应测定中心桩及挡土墙的基础地面高程，施测结果应符合精度要求并与相邻路段水准点相闭合。 （3）基槽开挖：根据地质情况和基础埋深，按规范放坡系数挖至持力层，做好基坑测量和记录，监理组织五方（业主、勘测、监理、设计、施工）验槽，并共同签署意见，验槽合格后进入下一道工序。基槽施工按照随开挖、随浇筑、及时回填的原则，结合结构要求和机械设备配置，适当分段，集中施工。 （4）垫层施工： 1）垫层混凝土强度应符合设计要求，振捣密实、抹压平整。浇筑要分段进行，每隔10～20m或在不同结构单元处和地层性状变化处设置沉降缝。沉降缝与伸缩缝宜合并设置。 2）垫层施工完成后，应复核设计高程并按设计图纸和挡墙中线桩弹出墙体轴线、基础尺寸线和钢筋控制线。 （5）基础钢筋制作与安装： 1）钢筋安装时，受力筋的品种、级别、规格和数量必须满足设计要求。 2）在钢筋与模板之间垫好垫块，间距≤1.5m，保护层厚度应符合设计要求。 3）在绑扎双层钢筋网片时，应设置足够强度的撑脚，以保证钢筋网片的定位准确。稳定牢固，在浇筑混凝土时不得松动变形。 4）墙背轴心受拉和小偏心受拉杆件中的钢筋接头，不宜绑扎。当墙体分段太长而现有钢筋长度不够，需要接头时，宜优先采用焊接接头。直径大于25mm的钢筋宜采用直螺纹连接（明确连接方式）。	图1.2-2　钢筋混凝土挡土墙

续表

工艺编号	项目/工艺名称	工艺标准	施工要点	图片示例
TGYGY002-2022-BD-TJ	现浇钢筋混凝土挡土墙		（6）模板安装： 1）模板分底板、墙面板、扶壁三大部分。模板及其支架应具有足够的承载能力、刚度和稳定性。模板在安装过程中，必须设置防倾覆设施。 2）模板应保证挡土墙设计形状、尺寸及位置准确，并便于拆卸，模板接缝应严密，拼接时整个组合模板要用拉杆和对拉螺栓固定，模板的竖缝及横缝以及模板与底板的接触面应采取密封措施，如加双面胶带（条）。 3）模板接缝可做成平缝、搭接缝或错口缝。当接缝为平缝时，为防止漏浆，应在模板两侧加设双面胶条。 4）模板安装完毕后，应对其平面位置、顶部高度、节点联系及纵横向稳定性进行检查，检查合格后方可浇筑混凝土。浇筑时，发现模板有超过允许偏差变形值的可能时，应及时纠正。 （7）泄水孔设置：墙上纵横间隔设置泄水孔，泄水孔间距应符合设计要求，并向外 3%找坡，泄水孔与土体间应铺设长宽各 300mm、厚 200mm 的卵石作为滤水层，底层泄水孔宜高于地面 300mm。挡土墙兼做防洪墙时，泄水孔及反滤层设置应经专项设计，按图施工。 （8）混凝土浇筑： 1）混凝土的强度等级必须符合设计要求，混凝土试块应在混凝土浇筑地点随机抽取。 2）混凝土墙背与基础的结合面应做施工缝处理，浇筑墙背前应在结合面上刷一层 20～30mm 与混凝土相同配比的水泥砂浆。浇筑时自由落差一般≤2m，当大	

续表

工艺编号	项目/工艺名称	工艺标准	施工要点	图片示例
TGYGY002-2022-BD-TJ	现浇钢筋混凝土挡土墙		于 2m 时，应用导管或溜槽输送。 3）混凝土振捣至混凝土不再下沉，无显著气泡，表面平坦一致，开始浮现水泥浆为度。 4）混凝土浇筑宜分两次进行，先浇墙底板（趾板和踵板）然后再浇立壁。当底板强度达到 2.5MPa 后，应立即浇筑墙身，减少温差。墙身混凝土应分层浇筑，分层厚度≤300mm。各层混凝土浇筑不得间断；应在前层混凝土振实尚未初凝前，将次层混凝土浇筑、捣实完毕。振捣次层混凝土时振捣棒应插入前层 50～100mm。 （9）模板拆除及混凝土养护：混凝土浇筑完毕后应及时进行养护。当气候变化较大、内外温度差异较大时，拆除模板后，宜用草帘、塑料布等覆盖继续浇水养护，以防产生温缩和干缩裂缝。养护期一般≥7d，可根据空气的湿度、温度和水泥品种及掺用的外加剂的情况，适当延长。模板拆除时混凝土的强度必须达到 2.5MPa。拆模时严禁重击和硬撬，避免造成模板局部变形或损坏混凝土棱角；模板拆完后，应及时清除表面的灰渍，并均匀涂抹一层隔离剂或防腐剂。 （10）防排水设施及填料填筑： 1）当墙背和墙底板混凝土强度达到设计标示强度的 70%以上时，方可按设计要求的填料分层填筑，压实墙背填料回填过程中，应防止立壁内侧及扶肋受撞损坏。卸料时，运输机具和碾压机具应离混凝土结构 1.5m，在此范围内宜采用人工摊铺，配以小型压实机具碾压，其密实度达到设计要求。	

续表

工艺编号	项目/工艺名称	工艺标准	施工要点	图片示例
TGYGY002 - 2022 - BD - TJ	现浇钢筋混凝土挡土墙		2）墙背反滤层应随填土及时施工，应清除填土中的草和树皮、树根等杂物。 3）扶壁间回填宜对称实施，施工时应控制填土对扶壁式挡墙的不利影响。当挡墙墙后表面的横坡坡度大于 1∶6 时，应在进行表面粗糙处理后再填土。 （11）成品保护：挡土墙模板拆除后，对挡土墙加设成品保护措施，防止磕碰。 （12）注意事项： 1）泄水孔设置均匀、无堵塞。 2）滤水层施工时注意不得堵塞及损伤泄水管	

1.3　砌石护坡工艺标准

工艺编号	项目/工艺名称	工艺标准	施工要点	图片示例
TGYGY003 - 2022 - BD - TJ	砌石护坡	（1）砌块要分层错缝，浆砌时坐浆挤紧，嵌缝后砂浆饱满度不应低于 80%，无空洞现象；砌体坚实牢固，边缘顺直，无脱落现象；勾缝平顺、缝宽均匀，无裂缝和脱落现象。 （2）厚度允许偏差±30mm，表面平整度≤20mm，顶面标高允许偏差±15mm。 （3）护坡每隔 12m 留施工缝一道，缝宽 3cm，	（1）材料：块石选用材质应坚实，强度满足设计要求，无风化剥落层或裂纹，石材表面无污垢、水锈等杂质；块石应大致方正，上下面大致平整，无尖角；所有石块外露面凹陷深度≤20mm。砂浆配合比和强度符合设计要求。反滤层应选用颗粒大小均匀的砂石材料分层填埋，层厚度≥15cm，相邻的粒径比一般≥1∶4，砂石料颗粒<0.15mm 的含量应不大于 5%。 （2）修坡施工：边坡成坡后需验收边坡坡率、坡脚和坡顶线坐标顺直度、坡面平整度并进行修坡。 1）在护坡区域外设置龙门桩，作为护坡外边线控制桩。 2）面积较小的护坡工程采用人工修坡，面积较大的护坡工程采用机械和人工修坡相结合的方式。	图 1.3-1　砌石护坡

续表

工艺编号	项目/工艺名称	工艺标准	施工要点	图片示例
TGYGY003-2022-BD-TJ	砌石护坡	缝内用沥青麻筋或油毛毡填塞。 （4）沉降缝整齐垂直，上下贯通，泄水孔坡度向外，无堵塞现象	3）坡面基面顶面的不合格土及杂物应清除，遇有坑、洞、沟应使用素土回填夯实。 （3）砌筑： 1）施工时须挂线砌筑，并经常对其复核，以保证线型平顺、砌体平整。 2）砌体与坡面紧密结合，砌筑片石咬口紧密、错缝砂浆饱满，不得有通缝、叠砌、贴砌和浮塞，砌体勾缝要牢固美观。 3）根据设计要求设置伸缩缝、沉降缝及排水孔，伸缩缝、沉降缝及排水孔应贯通。 4）砌缝宽度、错缝距离应符合规定，勾缝坚固、整齐，深度和型式符合要求。 （4）养护：应在砂浆初凝后用土工布洒水覆盖养护7～14d。 （5）反滤层施工：泄水孔设置应符合设计要求，当设计无规定时，泄水孔应均匀设置，在每米高度上间隔2m左右设置一个泄水孔；在泄水孔进水侧应设置反滤层或反滤包；反滤层厚度≥500mm，反滤包尺寸≥500mm×500mm×500mm，反滤层和反滤包的顶部和底部应设厚度≥300mm的黏土隔水层。泄水孔宜采用110mm PVC管，并向外5%放坡。 （6）成品保护：养护期间应避免碰撞、振动或受压。 （7）注意事项：块石材质应坚实，石块外露面凹陷深度≤20mm，伸缩缝、沉降缝及排水孔的留置及排水孔贯通无堵塞	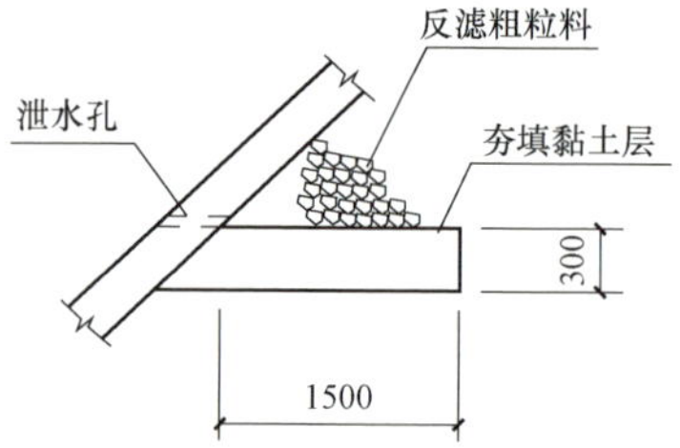 反滤粗粒料 泄水孔 夯填黏土层 300 1500 图1.3-2　反滤层做法

第 2 章　基础工程工艺标准

2.1　串联补偿装置平台立柱基础工艺标准

工艺编号	项目/工艺名称	工艺标准	施工要点	图片示例
TGYGY004-2022-BD-TJ	串联补偿装置平台立柱基础	（1）基础采用清水混凝土施工工艺。表面平整、光滑，棱角分明，颜色一致，接槎整齐，无蜂窝麻面，无气泡。 （2）螺栓安装空间位置偏差±2mm，每组螺栓空间位置偏移±2mm。 （3）轴线位移≤10mm；支承面标高偏差 0～10mm；平面外形尺寸偏差±15mm；上表面平整度≤5mm	（1）材料：宜采用普通硅酸盐水泥，强度等级≥42.5级，质量要求符合 GB 175—2007。粗骨料采用碎石或卵石，含泥量≤1%，细骨料应采用中砂，含泥量≤3%，其他质量要求符合 JGJ 52—2006。宜采用饮用水拌和，当采用其他水源时水质应达到 JGJ 63—2006 的规定。掺合料宜采用二级以上粉煤灰。模板宜采用 18mm 厚高质量胶合板。 （2）放样：浇筑基础底板时需要通过三维放样来确定柱子钢筋和不同方位的预埋件螺栓的空间位置关系，正式施工前先模拟钢筋绑扎和螺栓安装做样板。 （3）螺栓安装：采取钢模具或木模具安装定位地脚螺栓的方法，利用固定模具和法兰环，整体定位异形柱斜面上的地脚螺栓群，精确控制其轴线和标高。 （4）模板支设：利用 CAD 软件，建立 1000kV 串联补偿变截面异形柱的三维模型，绘出异形柱混凝土结构形状、地脚螺栓位置，在短柱外表面勾绘清水混凝土模板。通过拆分，模拟每块模板的形状、平面尺寸、开孔位置、接缝斜面角度，确定每一块模板的先后拼装顺序，以此来指导异形柱模板的制作和拼装，保证模板拼装的工艺质量和混凝土结构尺寸的准确。 （5）钢筋施工：钢筋一次性绑扎完成。钢筋在绑扎过程中，所有扎丝头必须弯向基础内，避免接触模板面。如设计未设计插筋，分层应预留插筋。	图 2.1-1　模板制作 1 图 2.1-2　拼装模拟

续表

工艺编号	项目/工艺名称	工艺标准	施工要点	图片示例
TGYGY004-2022-BD-TJ	串联补偿装置平台立柱基础		（6）混凝土分层浇筑：混凝土分层连续浇筑，第一层浇筑到变截面处，然后充分振捣密实；第二层浇筑斜面部位，直至到上柱根部；第三层浇筑上柱。每层浇筑后沿导线将振捣棒提起至已浇筑的混凝土表面下50mm处。浇筑上柱时需将振捣孔处的模板封闭严密，防止漏浆影响观感。上下层混凝土浇筑间隔时间不得大于混凝土初凝时间。 （7）基础养护：根据外界温度及气候条件选择相宜的养护措施。 （8）成品保护：基础浇筑完成后，对基础加设成品保护措施，防止磕碰。 （9）注意事项：由于串联补偿平台基础柱外形复杂，拆模过早会损坏棱角及表面，侧模拆除时混凝土的强度应能保证其表面和棱角不受损伤。混凝土浇筑时振捣棒宜采用30mm型号，混凝土浇筑时及浇筑完应对螺栓位置进行复测，保证螺栓的相对位置	 图2.1-3　模板支设  图2.1-4　模板安装  图2.1-5　成品保护  图2.1-6　基础成品

2.2 现浇混凝土主设备基础工艺标准

工艺编号	项目/工艺名称	工艺标准	施工要点	图片示例
TGYGY005 - 2022 - BD - TJ	现浇混凝土主设备基础	（1）混凝土表面光滑、平整、颜色一致，无蜂窝麻面、气泡等缺陷。 （2）外观棱角分明，线条流畅，外形美观。 （3）预埋件采用热镀锌防腐且一次浇筑成型，为防止埋件下空鼓，埋件钢板必须按要求设置排气孔。 （4）预埋件高出基础表面 3mm 或按设计与基础平齐。部分换流变压器、高压电抗器预埋件采用压板焊接式时，按设计要求低于基础表面 0～5mm。埋件水平度误差≤±1.5mm，相邻预埋件高差≤±1.5mm。埋件与基础本体之间留置 5～7mm 缝隙。	（1）材料：宜采用普通硅酸盐水泥，强度等级≥42.5 级，质量要求符合 GB 175—2007。粗骨料采用碎石，含泥量≤1%。细骨料采用中砂，含泥量≤3%；其他质量要求符合 JGJ 52—2006。采用饮用水拌和，当采用其他水源时水质应达到 JGJ 63—2006 的规定。 （2）基础与油池基坑底板分开浇筑，交界处设置 30mm 伸缩缝，内填沥青麻丝，表面用硅酮耐候胶密封，支柱绝缘子支架基础、油色谱在线监测柜基础与油池基坑底板交界处设置 30mm 伸缩缝，内填沥青麻丝，表面用硅酮耐候胶密封。 （3）钢筋安装：基础钢筋一次性绑扎完成。接头采用机械连接，接头相互错开，同一截面搭接率≤50%。钢筋在绑扎过程中，所有扎丝头必须弯向基础内，避免接触模板面。 （4）模板制作：基础模板应选用厚度 18mm 以上胶合板，表面平整、清洁、光滑。基础四周及顶面做圆弧倒角时宜使用专用工具或塑料角线。 （5）模板安装：加工场加工制作，现场拼装，模板拼缝处加海绵条，板缝间要用腻子补齐。采用对拉螺栓配合型钢围檩的加固方式。 （6）预埋件安装：预埋件安装前需对热加工产生的变形进行矫正，满足要求后吊装到设计位置。埋件采用专用固定架支撑并结合精确定位顶丝微调技术对埋件进行二次微调，即用∟ 50mm×5mm 角钢焊接成为框	 图 2.2-1　主变压器基础  图 2.2-2　换流变压器基础  图 2.2-3　高压电抗器基础

续表

工艺编号	项目/工艺名称	工艺标准	施工要点	图片示例
TGYGY005 - 2022 - BD - TJ	现浇混凝土主设备基础	（5）轴线位移≤10mm，平面外形尺寸偏差≤2/1000，总计不超过 5mm。主变压器基础顶面平整度标高误差≤±3mm（包括预埋铁件），调压变压器基础平整度要求偏差≤5mm。主变压器、调压变压器、在线监测智能组件柜基础面为同一标高。换流变压器支承面标高偏差 0～10mm，基础顶面平整度标高误差≤±2mm（包括预埋铁件）。高压电抗器基础上表面平整度误差≤+1.5mm	架，框架尺寸一般大于埋件尺寸 10～20mm。框架顶面标在同一个平面上，高度低于 3～5mm。初步复核其位置的准确性，把埋件安装固定架上，最后用水准仪测出埋件标高。在埋件四周制作一个螺栓微调装置，埋件安装时二次精调，满足设计要求标高时，螺栓与固定架固定焊死。 （7）浇筑混凝土：分层浇筑，分层厚度为 300～500mm，并保证下层混凝土初凝前浇筑上层混凝土，以避免出现冷缝。混凝土采取二次振捣，振捣时尽量避免与钢筋及螺栓接触。 （8）收面压光：基础表面用铁抹子原浆压光，应在初凝前抹平，终凝前压光，至少三遍完成。 （9）倒圆角施工：混凝土初凝后，在终凝前采用专用倒角工具进行倒圆角，圆角弧度 R25mm。竖向宜用塑料角线，根据表面倒圆角弧度确定竖向塑料角线安装距顶面位置。 （10）拆模：拆模时强度保证混凝土表面及棱角不受损伤。 （11）养护：混凝土浇筑后 12h 进行保湿养护工作。 （12）成品保护：模板拆除后及时对边角进行保护。预埋件上支架或设备安装时采用焊接工艺连接需采取措施防止基础爆裂。 （13）注意事项： 1）大体积混凝土进行温控计算，并根据季节和气候采取相应的养护及降温措施，做好测温工作，以便及时改进养护措施（内外温差不超过 25℃，内底温差不超过 20℃）。 2）所有预埋铁件均与主地网可靠连接	图 2.2-4　预埋件型式 图 2.2-5　预埋件固定调节支架

2.3　调相机基座工艺标准

工艺编号	项目/工艺名称	工艺标准	施工要点	图片示例
TGYGY006-2022-BD-TJ	调相机基座	（1）混凝土表面光滑、平整、颜色一致，无蜂窝麻面、气泡等缺陷。 （2）外观棱角分明，线条顺直，外形美观。 （3）预埋螺栓套管与调相机中心线距离和设计图距离的偏差，不应超过设计及厂家要求值，套管与套管之间的距离偏差同样不能大于设计及厂家要求值。对于直埋螺栓其相应偏差≤3mm。 （4）轴线位移≤10mm；支承面标高偏差 0～10mm；平面外形尺寸偏差±15mm；上表面平整度≤5mm	（1）材料：宜采用普通硅酸盐水泥，强度等级≥42.5级，质量要求符合 GB 175—2007。粗骨料采用碎石，含泥量≤1%。细骨料采用中砂，含泥量≤3%；其他质量要求符合 JGJ 52—2006。采用饮用水拌和，当采用其他水源时水质应达到 JGJ 63—2006 的规定。 （2）基座模板支撑系统搭设：应编制专项模板支撑系统专项施工方案，并按照要求组织专家论证，严格按照方案搭设支撑架。 （3）钢筋安装：基础钢筋一次性绑扎完成。接头采用机械连接，接头相互错开，同一截面搭接率≤50%。钢筋在绑扎过程中，所有扎丝头必须弯向基础内，避免接触模板面。 （4）模板制作：基础模板应选用厚度 18mm 以上胶合板，表面平整、清洁、光滑。基础四周及顶面做圆弧倒角时宜使用专用工具或塑料角线。 （5）模板安装：加工场加工制作，现场拼装，模板拼缝处加海绵条，板缝间要用腻子补齐。采用对拉螺栓配合型钢围檩的加固方式。 （6）预埋件及套管安装：用专用工具安装支架，安装支架要牢固可靠，有埋件微调措施。固定支架通过膨胀螺丝与墙板及楼板固定，槽钢之间焊接固定，不与排架及浇筑平台相连。地脚螺栓与套筒为加固成整体结构。地脚螺栓与套管配制焊接前必须将其清除干净，套管两端均封堵严密，防止混凝土流入。底板埋件、侧面埋件四周必须设置海绵条。	图 2.3-1　调相机基座模板支撑架 图 2.3-2　调相机基础埋件安装 图 2.3-3　调相机基座 1

续表

工艺编号	项目/工艺名称	工艺标准	施工要点	图片示例
TGYGY006-2022-BD-TJ	调相机基座		（7）浇筑混凝土：分层浇筑，分层厚度为 300～500mm，并保证下层混凝土初凝前浇筑上层混凝土，以避免出现冷缝。混凝土采取二次振捣，振捣时尽量避免与钢筋及螺栓接触。 （8）收面压光：基础表面用铁抹子原浆压光，应在初凝前抹平，终凝前压光，至少三遍完成。 （9）倒圆角施工：混凝土初凝后，终凝前，采用专用倒角工具进行倒圆角。竖向宜用塑料角线，根据表面倒圆角弧度确定竖向塑料角线安装距顶面位置。 （10）拆模：拆模时强度保证混凝土表面及棱角不受损伤。 （11）大体积混凝土进行温控计算，并根据季节和气候采取相应的养护及降温措施，做好测温工作，以便及时改进养护措施（内外温差不超过 25℃，内底温差不超过 20℃）。 （12）养护：混凝土浇筑后 12h 进行保湿养护工作。 （13）成品保护：模板拆除后及时对边角进行保护。预埋件上支架或设备安装时采用焊接工艺连接需采取措施防止基础爆裂	图 2.3-4　调相机基座 2 图 2.3-5　调相机基座 3

第 3 章　主体结构工程工艺标准

3.1　换流变压器现浇混凝土防火墙工艺标准

工艺编号	项目/工艺名称	工艺标准	施工要点	图片示例
TGYGY007 - 2022 - BD - TJ	换流变压器现浇混凝土防火墙	（1）采用清水混凝土施工工艺，墙身钢筋混凝土表面密实光洁，颜色一致。模板接缝、对拉螺栓留设规律，排列整齐，孔洞封堵密实，凹孔棱角清晰圆滑。 （2）防火墙分隔缝处无凹槽，钢筋保护层厚度符合设计要求。阴阳角（90°）均采用 $r=25$mm 圆弧倒角。 （3）墙身垂直度偏差 ≤H/1000，且≤30mm；墙顶标高偏差±15mm，墙身截面偏差±5mm，墙身表面平整度偏差≤3mm。轴线位移≤5mm。 （4）质量标准符合《变电（换流）站土建工程施工质量验收规范》（Q/GDW 1183—2012）	（1）材料：采用普通硅酸盐水泥，强度等级≥42.5 级，质量要求符合 GB 175—2007。粗骨料采用碎石或卵石，当混凝土强度≥C30 时，含泥量≤1%；当混凝土强度＜C30 时，含泥量≤2%。细骨料应采用中砂，当混凝土强度≥C30 时，含泥量≤3%；当混凝土强度＜C30 时，含泥量≤5%，其他质量要求符合 JGJ 52—2006。采用饮用水拌和，当采用其他水源时水质应达到 JGJ 63—2006 的规定。 （2）商品混凝土：可用商品混凝土水泥品种应固定，且≥320kg/m^3，最大水胶比 0.5，最大氯离子含量 0.15%，最大碱含量 3.0kg/m^3，坍落度宜为 160mm±20mm。 （3）施工工艺。采用流水施工工艺，以横向防火墙顶为基准向上向下对纵横防火墙分缝。横向防火墙地面以下至基础顶部为非标准段采用木模板浇筑，地面以上至防火墙顶部为标准段。纵向防火墙第 1 板和最后 2 板为非标段采用木模板，牛腿处采用钢木结合型式，其余各段为标准段。标准段采用定制钢模板。 （4）模板加工。 1）钢模板单片尺寸可设计多种规格，标准段钢模板面板采用 4mm 厚冷轧钢板（如采用 5mm 或 6mm 厚冷轧钢板，则匹配相应的龙骨），内龙骨选用∟63mm×40mm×5mm 角钢，主骨架选用□100mm×50mm×3mm 方钢管，外龙骨选用 工 16mm 槽钢。模板拼缝处	图 3.1 - 1　防火墙标准段钢模板安装示意图 1 图 3.1 - 2　防火墙标准段钢模板安装示意图 2

续表

工艺编号	项目/工艺名称	工艺标准	施工要点	图片示例
TGYGY007 - 2022 - BD - TJ	换流变压器现浇混凝土防火墙		增设橡胶止水条。根据防火墙结构尺寸，标准层钢模板单片尺寸主要尺寸可以为 2500mm×5000mm；内龙骨间距 250mm；主龙骨方管长边方向间距 1250mm，短边方向间距 480mm。 2）附加层钢模板主要尺寸为 150mm×5000mm。外龙骨采用槽钢，双槽钢背靠背设置，侧向贴内龙骨，端头处制Φ 21mm 中间带有直线段的调节孔，供对拉螺栓穿过，水平间距为 500mm。对拉螺栓采用Φ 20mm 的 HPB300 级成品对拉螺杆，水平间距同外龙骨，垂直最大间距为 2560mm。 3）钢模板体系要专项设计、验算并通过样板验证，其变形值应在规范允许范围内。 4）模板制作加工完毕，按使用部位进行编号，专人看护收发，以保证每一施工段模板相对位置不变。制作成型的模板应进行预拼装验收，外侧喷涂防腐漆，内侧涂刷脱模剂，采取遮盖措施，防止其因日晒雨淋而变质、变形。 5）非标段模板可采用 18mm 厚双面膜木模板，模板间拼缝采用双面胶密封。端头部位采用倒圆角钢模。上部水平缝接口处设置附加层钢模，并设置 ϕ20 的对拉螺杆。 （5）钢筋安装。 1）防火墙暗柱主筋采用直螺纹连接，墙板钢筋采用绑扎搭接，钢筋扎丝朝向应统一朝内，防止扎丝外露锈蚀。扎丝的绕向须对称，以增强钢筋网的抗剪能力。水平筋及箍筋的绑扎宜高出划分的施工段交界处 300mm，	 图 3.1-3　钢模板  图 3.1-4　换流变压器标准段浇筑实体照片  图 3.1-5　换流变压器防火墙成品

续表

工艺编号	项目/工艺名称	工艺标准	施工要点	图片示例
TGYGY007-2022-BD-TJ	换流变压器现浇混凝土防火墙		以方便施工操作，同时以确保竖向筋在混凝土浇捣过程中不位移。 2）防火墙下部插筋保证位置准确，模板上部用钢管扣件将防火墙主筋固定住，以保证两侧保护层厚度；在浇筑时用木方横向放置在模板之间，待混凝土浇筑至方木标高时取出，保证钢筋网片的保护层厚度，确保清水混凝土的观感。 （6）混凝土浇筑。混凝土浇筑必须保证连续施工，浇筑时应经样板实验后方可实施。混凝土浇筑前模板内应进行清洗，并先浇筑50mm厚与混凝土同品种、同强度等级的水泥砂浆做“接浆”处理，混凝土浇筑采用分层浇筑逐步推进方式进行，采用泵送混凝土时，坍落度宜为160mm±20mm。浇筑方法采用分层浇筑逐步推进方式进行，浇筑高度以覆盖对拉螺杆套管为宜，即混凝土面离扁铁上口25～30mm。 （7）成品养护。混凝土养护遵循少扰动、晚拆模、勤浇水、严覆盖原则，在每个施工段混凝土浇筑完毕的初期24h内，不得在其邻近区作震动性作业；最早拆模时间不得小于自混凝土浇筑完毕起的48h；确保混凝土时刻处于湿润状态；对所有敞露部位初凝结束的混凝土进行遮盖。在拆模过程中注意保护混凝土表面及棱角；拆模后的成品混凝土应及时采用薄膜包裹，避免墙面污染。拆下的钢模板应逐块清理干净、修整，并摆放整齐。 （8）混凝土应根据季节和气候采取相应的养护措施，冬期施工应采取防冻措施	

3.2 压型钢板围护结构工艺标准

工艺编号	项目/工艺名称	工艺标准	施工要点	图片示例
TGYGY008-2022-BD-TJ	压型钢板围护结构	（1）墙面为双层或单层复合压型钢板。 （2）围护结构压型钢板外板0.8mm厚，内板为0.6mm厚，屋面板为0.65mm厚。 （3）施工前根据提前准备色卡和压型钢板取样，提交建设单位、监理单位、设计单位根据颜色选型进行签字确认并留存。如无特殊地域要求，目前换流站一般墙面外板选用RAL6033、内板选用RAL9010、屋面外板选用RAL7035。 （4）当墙面高度方向有多块板搭接时，必须是顺水搭接（上板扣下板）。上下两块板水平接缝平直偏差≤10mm。相邻两板的下端错位≤6mm。上下两板搭接≥150mm，搭接处应做	（1）墙体1——内外双层压型钢板复合保温墙体。一般用于阀厅非3h防火山墙、GIS室、调相机主厂房、继电器小室及备品备件库等采用钢结构+围护结构的建筑物。构造层次（由外至内）： 1）0.8mm厚彩色热镀锌外层压型钢板，肋高27mm，外板搭接处采用丁基胶带粘接，粘接宽度为20～30mm。 2）0.17mm厚闪蒸高密度纺粘聚乙烯无纺布防水透气膜，（搭接宽度≥100mm，采用0.1mm厚48mm宽专用丙烯酸胶带密封）。 3）2mm×50mm厚岩棉卷毡保温层，两层错缝铺设，每层厚50mm，容重不小于120kg/m^3，岩棉应满足《建筑外墙外保温用岩棉制品》（GB/T 25975—2018）标准。岩棉靠室内外两侧均设W58阻燃型防潮防腐贴面。 4）竖向轻钢龙骨，截面C140mm×50mm×20mm×2.5mm，间距为1200mm，与横向檩条连接。	 图3.2-1 压型钢板按照示意图  图3.2-2 彩钢板墙体安装效果图1  图3.2-3 彩钢板墙体安装效果图2

续表

工艺编号	项目/工艺名称	工艺标准	施工要点	图片示例
TGYGY008-2022-BD-TJ	压型钢板围护结构	好密封处理。每完成 10 块板需复测垂直度≤H7/800，且≤25mm。 （5）对所有内板在板搭接位置每隔 200mm 打一颗缝合钉固定。 （6）墙面外板采用通长整板，减少横向搭接，在纵向搭接位置通长粘贴丁基胶带，并在板搭接位置每隔 200mm 打一颗缝合钉固定。 （7）屋面外板采用通长整板，在板扣合位置预先打胶，达到密封及防水效果。 （8）屋面采用 360°咬口锁边体系，整个屋面除檐口部位外没有螺钉穿透	5）高频焊接薄壁 H250mm×150mm×4.5mm×6mm 型镀锌型钢檩条，垂直中距 1200mm，墙檩上粘 2mm 厚通长聚氨酯隔热垫片。 6）0.25mm 厚闪蒸高密度纺粘聚乙烯无纺布隔汽膜，搭接宽度≥100mm，采用 0.1mm 厚 48mm 宽专用丙烯酸胶带粘接。 7）0.6mm 厚彩色镀铝锌墙面内层压型钢板，肋高 27mm。阀厅内板兼做 RFI 屏蔽。 （2）墙体 2——内外双层压型钢板复合保温防火墙体。用于极 1/极 2 高端阀厅与辅控楼相邻 3h 防火墙体、极 1/极 2 低端阀厅与主控楼相邻 3h 防火墙体、其他钢结构防火墙等。构造层次如下（由外至内）： 1）0.8mm 厚彩色热镀锌外层压型钢板，肋高 27mm，外板搭接处采用丁基胶带粘接，粘接宽度为 20～30mm。 2）0.17mm 厚闪蒸高密度纺粘聚乙烯无纺布防水透气膜（搭接宽度≥100mm，采用 0.1mm 厚 48mm 宽专用丙烯酸密封胶带密封）。	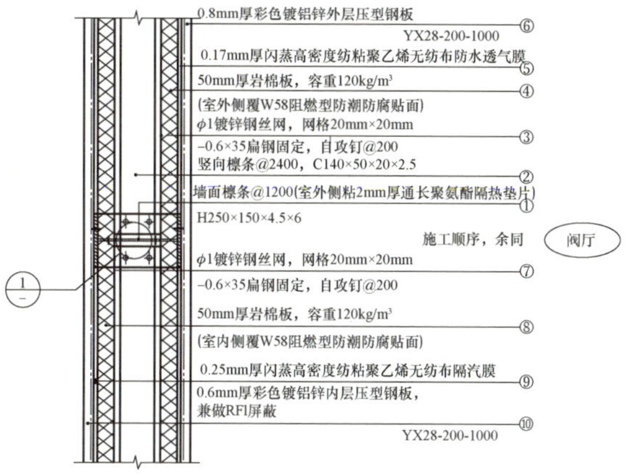 图 3.2-4　墙体 1——内外双层压型钢板复合保温墙体节点示意图 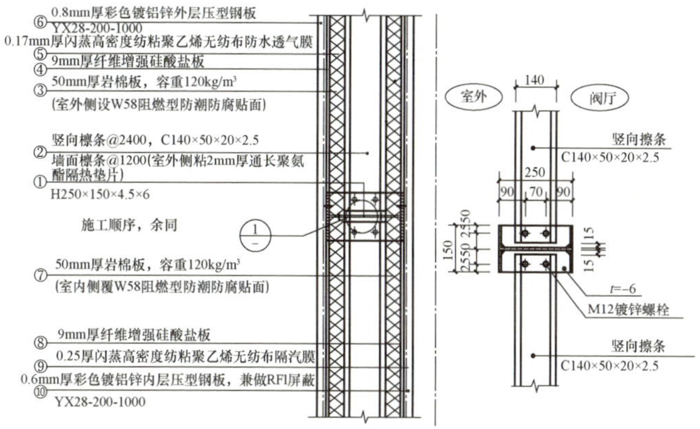 图 3.2-5　墙体 2——内外双层压型钢板复合保温防火墙体示意图

续表

工艺编号	项目/工艺名称	工艺标准	施工要点	图片示例
TGYGY008-2022-BD-TJ	压型钢板围护结构		3）9mm 厚纤维增强硅酸盐防火板。 4）2mm×50mm 厚岩棉卷毡保温层，两层错缝铺设，每层厚 50mm，容重≥120kg/m³，岩棉应满足《建筑外墙外保温用岩棉制品》（GB/T 25975—2018）标准。岩棉靠室内外两侧均设 W58 阻燃型防潮防腐贴面。 5）竖向轻钢龙骨，C250mm×75mm×20mm×2.0mm，间距为 1200mm，与横向檩条连接。 6）墙檩，高频焊接薄壁 H250mm×150mm×4.5mm×6mm 型镀锌型钢檩条，垂直中距 1200mm，用 M16 螺栓与钢柱檩托连接，并按要求焊接保证屏蔽连接，墙檩上粘 2mm 厚通长聚氨酯隔热垫片。 7）9mm 厚纤维增强硅酸盐防火板。 8）0.25mm 厚闪蒸高密度纺粘聚乙烯无纺布隔汽膜，搭接宽度≥100mm，0.1mm 厚 48mm 宽专用丙烯酸胶带粘接。 9）0.6mm 厚彩色镀铝锌墙面内	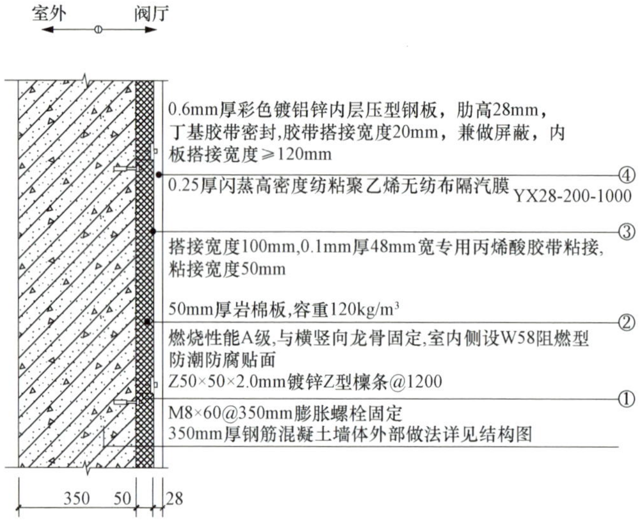 室外 阀厅 0.6mm厚彩色镀铝锌内层压型钢板，肋高28mm，丁基胶带密封,胶带搭接宽度20mm，兼做屏蔽，内板搭接宽度≥120mm ④ 0.25厚闪蒸高密度纺粘聚乙烯无纺布隔汽膜 YX28-200-1000 ③ 搭接宽度100mm,0.1mm厚48mm宽专用丙烯酸胶带粘接,粘接宽度50mm 50mm厚岩棉板,容重120kg/m³ ② 燃烧性能A级,与横竖向龙骨固定,室内侧设W58阻燃型防潮防腐贴面 Z50×50×2.0mm镀锌Z型檩条@1200 ① M8×60@350mm膨胀螺栓固定 350mm厚钢筋混凝土墙体外部做法详见结构图 350 50 28 图 3.2-6　墙体 3——单层压型钢板复合保温墙体

续表

工艺编号	项目/工艺名称	工艺标准	施工要点	图片示例
TGYGY008-2022-BD-TJ	压型钢板围护结构		层压型钢板，板肋高度 27mm。阀厅内板兼做 RFI 屏蔽。 （3）墙体 3——内双侧单层压型钢板复合保温墙体。用于低端阀厅中间框架隔墙、主控楼外立面等单层板保温围护结构。构造层次如下： 1）0.6mm 厚彩色镀铝锌内层压型钢板，肋高 27mm，兼做 RFI 屏蔽。 2）0.25mm 厚闪蒸高密度纺粘聚乙烯无纺布隔汽膜隔汽层，搭接宽度≥100mm，0.1mm 厚 48mm 宽专用丁丙烯酸胶带连接。 3）50mm 厚岩棉，容重≥120kg/m^3，应满足《建筑外墙外保温用岩棉制品》（GB/T 25975—2018）标准，岩棉靠室内侧均设 W58 阻燃型防潮防腐贴面。 4）竖向轻钢龙骨，截面 C50mm×40mm×20mm×2.5mm 型，间距≤1200mm。 5）50mm 宽 Z 型镀锌冷弯薄壁型钢檩条，膨胀螺栓固定（间距约 350mm），垂直中距 1200mm。 6）框架结构墙体。	

续表

工艺编号	项目/工艺名称	工艺标准	施工要点	图片示例
TGYGY008-2022-BD-TJ	压型钢板围护结构		（4）压型钢板复合保温屋面。压型钢板复合保温屋面构造层次（由上至下）： 1）468mm宽、0.65mm厚YX75－468屋面外层彩色镀铝锌压型钢板。 2）1.2mm厚三元乙丙橡胶防水卷材一道。 3）TB-600防冷桥垫块。 4）Z150mm×50mm×20mm×2.5mm冷弯镀锌附檩和Π型附檩。 5）2mm×75mm厚容重120kg/m³岩棉板分两层错缝铺设。 6）□30mm×30mm×2mm镀锌矩形钢管（间距400mm）。 7）0.25mm厚闪蒸高密度纺粘聚乙烯无纺布隔汽膜。 8）0.6mm厚彩色镀铝锌内层压型钢板。 9）屋面主檩条H350mm×150mm×4.5mm×6mm高频焊H型钢。 （5）雨棚安装。 1）雨篷采取有组织排水方式。雨篷高度及外宽尺寸符合设计要求，外观平整方正，棱角平直。有	

续表

工艺编号	项目/工艺名称	工艺标准	施工要点	图片示例
TGYGY008-2022-BD-TJ	压型钢板围护结构		组织排水的管口设置在离建筑物主落水管靠近的一侧。雨篷包角收边应结合外墙面层材料合理设置。 2）落水斗、落水管见《国家电网公司输变电工程标准工艺（2022版）》第5章屋面和地面工程第7节细部构造标准工艺	

3.3　阀厅钢结构工艺标准

工艺编号	项目/工艺名称	工艺标准	施工要点	图片示例
TGYGY009-2022-BD-TJ	阀厅钢结构	（1）钢结构进场时要求检查：钢结构原材出厂报告、进场复试报告；焊接材料出厂合格证、进场复试报告；加工构件合格证及现场验收记录；钢结构制作质量验收记录；焊接质量焊缝检测；防腐、防火涂料合格证、进场复试报告。 （2）钢结构施工过程中检查：钢结构组合质量验收记录；高强螺栓检测报告；连接副扭矩系数检测报告；连接面抗滑移系数检测报告；焊接及焊缝检测；防火、防腐涂料涂刷遍数及涂刷厚度。	（1）材料清点验收： 1）各种柱、梁构件、组成杆件及高强螺栓等的型号、规格、数量、尺寸应符合设计要求。 2）验证各种构件的出厂合格证及其原材料的材质检验证明和复检报告。 3）构件堆放时 H 型构件应立放，不得平放。 （2）基础复测：吊装施工前必须对基础及地脚螺栓的轴线与标高进行复测，特别注意测量预埋螺栓轴线偏差。对基础预埋螺栓标高及轴线分别用水准仪和经纬仪进行复测，复测后进行划线标识，并做好记录。 （3）柱、梁、撑安装： 1）钢结构件起吊前应进行强度和稳定性的验算，明确起吊点，以防因受力不均而引起构件变形。 2）索具，吊钩和卡具的构造及机械性能，应符合吊装施工要求。	图 3.3-1　阀厅钢柱吊装 图 3.3-2　阀厅屋架吊装

续表

工艺编号	项目/工艺名称	工艺标准	施工要点	图片示例
TGYGY009-2022-BD-TJ	阀厅钢结构	（3）按照《钢结构工程施工质量验收标准》（GB 50205—2020）要求，钢柱按照允许偏差：钢柱定位轴线偏移≤1mm；垂直度≤$H/1000$，且≤25mm；弯曲矢高≤$H/1200$，且≤15mm	3）构件吊装就位依次的顺序是：柱一梁（侧梁、吊车梁）一屋架的拼装，与其构件逐件吊装就位。 4）钢柱的吊装就位，控制的主要项目是：位置、标高、垂直度、拼接。柱的安装应先调整好标高，再调整位移，最后调整垂直度偏差，并重复上述步骤，直到柱的标高、位移、垂直偏差符合要求。调整柱垂直度的揽风绳或支撑夹板应在起吊前在地面绑扎好。 5）钢梁吊装就位时，控制的主要项目是：拱度值与支承面位置的标高。 6）钢屋架吊装就位时应控制的主要项目是：屋架的水平度、垂直度、拱度的尺寸值符合设计要求和规范的规定。 7）钢结构的柱、梁、屋架、支撑等主要构件在安装就位后，应立即进行校正、固定，使形成空间刚度单元。在作业工作的当天必须使安装的结构构件及时形成稳定的空间体系。 8）高强螺栓连接：安装时高强螺栓应自由穿入孔内，不得强行敲打。螺栓不能自由穿入时，不得用气割扩孔，要用绞刀绞孔。螺栓穿入方向宜一致，穿入高强螺栓用扳手紧固后，不得在雨天安装高强螺栓，且摩擦面应处于干燥状态。必须分两次进行，第一次为初拧。初拧的扭矩值不得小于终拧扭矩值的30%。第二次紧固为终拧，终拧为使螺栓群中所有螺栓均匀受力，初拧、终拧都应按一定顺序进行。当天安装的高强螺栓必须终拧完毕，同时24h内须复检施工扭矩。 （4）钢柱脚二次灌浆：在钢结构整体调整，报监理验收合格后，立即采用无收缩早强灌浆料进行柱脚二次灌浆，抗压强度不低于70MPa。	图 3.3-3　阀厅钢结构安装

续表

工艺编号	项目/工艺名称	工艺标准	施工要点	图片示例
TGYGY009 - 2022 - BD - TJ	阀厅钢结构		(5) 验收及后期工作： 1) 检查螺栓全部紧固，无遗漏螺栓。 2) 钢结构吊装期间做好钢柱接地工作。 (6) 注意事项： 1) 施工防火涂料应在室内装修之前和不被后继工程所损坏的条件下进行。 2) 施工时，对不需作防火保护的部位和其他物件应进行遮蔽保护，刚施工的涂层，应防止脏液污染和机械撞击。 3) 螺栓穿向一般统一为由里向外，由下向上	

3.4　GIS 钢结构厂房工艺标准

工艺编号	项目/工艺名称	工艺标准	施工要点	图片示例
TGYGY010 - 2022 - BD - TJ	GIS 钢结构厂房	(1) 钢构件外形尺寸允许偏差，钢结构安装支撑面、地脚螺栓允许偏差，钢柱、梁、钢屋架及受压杆件垂直度和侧向弯曲矢高允许偏差，整体垂直度和整体平面允许偏差见《钢结构工程施工质量验收标准》(GB 50205—2020)。其中，建筑定位轴线 $L/20000$ 且≤3mm，基础上柱定位轴线≤1mm，基础上柱底标高不超过±3mm，地脚螺栓中心偏差≤5mm，柱	(1) 钢材：严寒地区采用镇静钢，焊条、自动焊或半自动焊的焊丝和焊剂选用的型号应与主体结构的金属力学性能相适应，其熔敷金属的抗拉强度应不小于母材标准抗拉强度规定值的下限；高强度螺栓符合《钢结构用扭剪型高强度螺栓连接副》(GB/T 3632—2008)。 (2) 进场检验： 1) 钢结构原材料出厂报告、进场复试报告，柱、梁等构件、组成杆件及高强螺栓等的材质、力学性能、型号、规格、数量、尺寸应符合设计要求，摩擦面抗滑移系数是否满足设计要求。 2) 焊接材料出厂合格证、进场复试报告；防腐、防火涂料合格证、进场复试报告。	图 3.4-1　厂房结构吊装

续表

工艺编号	项目/工艺名称	工艺标准	施工要点	图片示例
TGYGY010-2022-BD-TJ	GIS钢结构厂房	轴线垂直度 $H/1000$，且≤25mm，柱弯曲矢高 $H/1200$ 且≤15mm，柱安装偏差3mm，钢梁设计无要求时预拱 $L/2000$，钢梁跨中垂直度≤15mm。 （2）防火涂料的涂层厚度及隔热性能应满足国家现行标准有关耐火极限的要求，且≥200μm。当采用非膨胀型防火涂料涂装时，80%及以上涂层面积应满足国家现行标准有关耐火极限的要求，且最薄处厚度不应低于设计要求的85%。防火涂层不应有误涂、漏涂，涂层应闭合无脱层、空鼓、明显凹陷、粉化松散和浮浆等外观缺陷，乳突应剔除	3）加工构件合格证及现场验收记录，焊接质量检测。 （3）基础复测：吊装施工前必须对基础及地脚螺栓的轴线与标高进行复测，特别注意测量预埋螺栓轴线偏差。对基础预埋螺栓标高及轴线分别用水准仪和经纬仪进行复测，复测后进行划线标识，并做好记录。 （4）钢结构施工过程中检查：主要构件安装精度；主体结构整体尺寸；高强螺栓检测报告；连接副扭矩系数检测报告；连接面抗滑移系数检测报告；焊接及焊缝检测；防火、防腐涂料涂刷遍数及涂刷厚度。 （5）对不同的吊车工作位置进行吊装性能验算。 （6）柱、梁及支撑安装： 1）钢结构件起吊前应进行强度和稳定性的验算，明确起吊点，以防构件变形；同时进行吊绳力学性能计算，钢丝绳做缆风绳时安全系数取3.5，作为吊索时安全系数取6～8。 2）索具，吊钩和卡具的构造及机械性能，应符合吊装施工要求。 3）构件吊装就位依次的顺序是：柱—柱间支撑—梁—屋架—吊车梁的拼装，与其构件逐件吊装就位；螺栓穿向一般统一为由里向外，由下向上。 4）钢柱的吊装就位，控制的主要项目是：位置、标高、垂直度、拼接。柱的安装应先调整好标高，再调整位移，最后调整垂直度偏差，并重复上述步骤，直到柱的标高、位移、垂直偏差符合要求。调整柱垂直度的揽风绳或支撑夹板应在起吊前在地面绑扎好。	图3.4-2 厂房屋面板安装 图3.4-3 厂房结构安装完成

续表

工艺编号	项目/工艺名称	工艺标准	施工要点	图片示例
TGYGY010-2022-BD-TJ	GIS 钢结构厂房		5）钢梁吊装就位时控制的主要项目是：拱度值与支承面位置的标高。 6）钢屋架吊装就位时应控制的主要项目是：屋架的水平度、垂直度、拱度的尺寸值符合设计要求和规范的规定。 7）钢结构的柱、梁、屋架、支撑等主要构件在安装就位后，应立即进行校正、固定，使形成空间刚度单元。在作业工作的当天必须使安装的结构构件及时形成稳定的空间体系。 （7）钢柱脚二次灌浆：在钢结构整体调整，报验合格后，即采用无收缩早强灌浆料进行柱脚二次灌浆，抗压强度不低于 70MPa。 （8）钢结构与钢结构之间、钢结构与室内金属墙板及金属面板之间、地坪下的钢筋网之间应做可靠的电气连接，具有良好的导电性，确保连成等电位联结体，且应与主接地网可靠连接。 （9）防火涂料喷涂： 1）清除表面油垢灰尘，保持钢材基面洁净干燥。 2）涂层表面平整均匀、无流淌、无裂痕。 3）前一遍基本干燥或固化后，才能喷涂下一遍。 4）涂料应当日搅拌当日使用完	

第4章　屋面和地面工程工艺标准

4.1　上人屋面贴砖工艺标准

工艺编号	项目/工艺名称	工艺标准	施工要点	图片示例
TGYGY011-2022-BD-TJ	上人屋面贴砖	表面平整度允许偏差≤4mm，缝格平直允许偏差≤3mm，接缝高低差≤1.5mm，女儿墙上下口平直允许偏差≤2mm，缝宽偏差≤2mm	（1）材料：水泥宜采用普通硅酸盐水泥，强度等级≥42.5级，质量要求符合GB 175—2007。细骨料采用中砂，要求符合JGJ 52—2006。采用饮用水拌和，当采用其他水源时水质应达到JGJ 63—2006的规定。地砖为釉面陶瓷地砖，规格150mm×150mm，外观质量尺寸偏差符合《广场用陶瓷砖》（GB/T 23458—2009）要求，砖吸水率平均值≤5.0%，单值≤5.5%；破坏强度的平均值≥1500N；断裂模数的平均值≥20MPa，单值≥18MPa；耐磨性，经试验后磨损量≤0.1g；抗热震性，经试验后应无裂纹或破损；抗冻性用于冷冻环境下的产品，经抗冻试验后应无裂纹、剥落或破损，强度损失量不大于20.0%。同厂家、同品牌、同规格、同批次、同型号的面砖应一次性进场。 （2）基层处理：将屋面防水层表面上的砂浆、杂物、灰尘清理干净，并洒水湿润。 （3）屋面排砖：核实屋面尺寸，根据面砖尺寸先在电脑上对屋面进行排版，一般从屋脊和分水岭处开始排整砖，然后沿纵横双向进行预排，灰缝宜为8～10mm，大面排砖要离开女儿墙、出屋面风道口等阴角处200mm左右，以雨水口为中心500mm×500mm范围内，需要预留出来。分格缝间距不大于6m，宽度一般为20mm，和隔气分仓缝应贯通。	图4.1-1　贴砖上人屋面

续表

工艺编号	项目/工艺名称	工艺标准	施工要点	图片示例
TGYGY011 - 2022 - BD - TJ	上人屋面贴砖		（4）面砖施工：屋面砖提前 2h 浸泡晾干备用。按照排版图弹出分格线，遇见出屋面风道口、排气管等需要套割时，选择靠边角处套割。与雨水口结合处周边可用 45°角面砖拼接而成。铺砖按“先远后近、先高后低”的原则进行，用橡胶锤拍实拍平，坡向顺直，并随时用水平尺、塞尺检查平整及坡度误差。女儿墙内侧面砖应贴至压顶下，且立面砖压平面砖。 （5）砖缝处理：待屋面可上人时用硅酮耐候密封胶将分格缝和砖缝填实，并用棉纱将地面擦干净。 （6）养护：块体铺设完后应适当洒水并轻轻拍平、压实，以免产生翘角。 （7）成品保护：切割面砖时，不得在刚铺贴好的砖面层上操作。铺贴砂浆抗压强度达到 1.2MPa 时，方可上人进行操作。 （8）注意事项：屋面砖与立墙及突出屋面结构等交接处，预留宽度 30mm 的缝隙应做柔性密封处理。严禁在雨、雪天和五级大风天气及其以上施工，环境气温低于 5℃不得施工	

4.2　挤塑板工艺标准

工艺编号	项目/工艺名称	工艺标准	施工要点	图片示例
TGYGY012 - 2022 - BD - TJ	挤塑板	（1）主要性能指标：压缩强度 ≥ 150kPa，导热系数 ≤0.080W/（m·K），吸水率 ≤1.5（v/v,%），燃烧性能不	（1）材料：聚苯乙烯泡沫板进场应提供检验报告和合格证，材料的表观密度、导热系数、防火等级、强度、吸水率、含水率等技术性能，必须符合设计要求和现行有关标准的规定。	

续表

工艺编号	项目/工艺名称	工艺标准	施工要点	图片示例
TGYGY012-2022-BD-TJ	挤塑板	低于 B2 级。 （2）板状保温层厚度负偏差应为 5%，且≤4mm。 （3）表面平整度偏差≤5mm，接缝高低差≤2mm	（2）基层处理：在铺设聚苯乙烯泡沫板保温层之前，检查基层平整度，高出的部分须剔平，凹处用水泥砂浆分层填实，并清除基层表面的灰尘、污垢和杂物等。基层表面应干燥、洁净、平整、无蜂窝、孔洞和裂缝。 （3）保温层排版：核实屋面尺寸，根据泡沫板尺寸进行排版，然后在屋面上弹出每块板的铺贴网格线，将小块板布设在女儿墙周边。 （4）保温层施工：严禁在雨、雪和五级以上大风天气施工。穿结构的套管在保温层施工前，须用细石混凝土塞堵密实。泡沫板直接铺设在结构层防水层上，分层铺设时上下两层板块应相互错开，两块相邻的板边厚度应一致，板间缝隙用同类材料嵌填密实。遇底层凸起时应把板块切断再拼合，避免两头翘曲。保温板铺设应采用梅花式固定，每块保温板固定应不少于 5 处。在保温层上将对应排气管位置开孔，板间的缝隙采用同种材料进行塞填密实。 （5）成品保护：保温板在运输、装卸、存放过程中须注意保护，防止损坏和受潮。 （6）注意事项：切割下的边角料及时收集清理，防止碎屑飞扬污染环境	图 4.2-1　聚苯乙烯泡沫板保温层 1 图 4.2-2　聚苯乙烯泡沫板保温层 2

4.3　珍珠岩保温层工艺标准

工艺编号	项目/工艺名称	工艺标准	施工要点	图片示例
TGYGY013-2022-BD-TJ	珍珠岩保温层	（1）保温层厚度应符合设计要求，其正负偏差应为 5%且≤5mm。	（1）材料：宜采用普通硅酸盐水泥，强度等级≥42.5级，质量要求符合 GB 175—2007。宜采用饮用水拌和，当采用其他水源时水质应达到 JGJ 63—2006 的	

续表

工艺编号	项目/工艺名称	工艺标准	施工要点	图片示例
TGYGY013 - 2022 - BD - TJ	珍珠岩保温层	（2）应分层施工，粘结牢固，表面平整，找坡正确。 （3）不得有贯通性裂缝，以及疏松、起砂、起皮现象	规定。珍珠岩进场应提供检验报告和合格证，材料的表观密度、导热系数、吸水率必须符合设计要求和现行有关标准的规定。 （2）基层处理：在铺设水泥膨胀珍珠岩保温层之前，检查基层平整度，高出的部分须剔平，凹处用水泥砂浆分层填实，并清除基层表面的灰尘、积水、污垢和杂物等。基层表面应干燥、洁净、平整、无蜂窝、孔洞和裂缝。 （3）膨胀珍珠岩拌和：将水泥与珍珠岩颗粒按 1∶8 的体积比例进行搅拌，加适量水形成干硬性状态。要求搅拌均匀、色泽一致，无大的凝结块。根据试验确定压实程度。 （4）珍珠岩施工：严禁在雨、雪和五级以上大风天气施工。铺设前在女儿墙周边弹出标高控制线，纵横间距 2m 做灰饼保证整体平整度，每层铺设厚度不得大于 150mm，然后用刮尺刮平，用平板振动机振实。如出现高低明显部位，将高出部分剔平，凹陷部分填实，用木抹子抹平，表面呈粗糙状，以便与上层结合牢固。雨水口周边应按设计找坡，且雨水口处考虑其他做法的厚度。 （5）养护：保温层铺好后，应覆盖湿润的棉被进行养护。 （6）成品保护：保温层铺设完后，不得在上方直接行走运输小车，应铺设脚手板。 （7）注意事项：施工前应注意天气情况，避免雨天施工，下一步施工前保证珍珠岩保温层已干燥，无存水	 图 4.3-1　珍珠岩保温砂浆  图 4.3-2　屋面珍珠岩保温施工

4.4 刚性防水层（细石混凝土）工艺标准

工艺编号	项目/工艺名称	工艺标准	施工要点	图片示例
TGYGY014-2022-BD-TJ	刚性防水层（细石混凝土）	（1）表面平整度偏差不大于5mm，厚度偏差为设计厚度的10%，且不大于5mm。分缝格平直度偏差不大于3mm （2）混凝土不应低于C30。细石混凝土厚度不应低于40mm，内配Φ6.5带肋钢筋双向配置	（1）材料：宜采用普通硅酸盐水泥，强度等级≥42.5级，质量要求符合GB 175—2007。粗骨料采用细碎石，混凝土强度<C30时，含泥量≤1%，要求符合JGJ 52—2006。细骨料应采用中砂，混凝土强度<C30时，含泥量≤2%，要求符合JGJ 52—2006。宜采用饮用水拌和，当采用其他水源时水质应达到JGJ 63—2006的规定。 （2）基层清理：检查泛水坡度、方向符合设计要求，所有管道、避雷设施安装完毕，并通过验收；所有阴阳角、管根抹成圆角；做好挑檐、女儿墙、人孔、沉降缝等细部处理；沉降缝顶要做坡以利铁皮封盖。施工前应检查、清理基层，基层处理后经验收合格方可施工。 （3）排气道设置。找平层设置的分格缝可兼作排汽道，排汽道的宽度宜为40mm；排汽道应纵横贯通，并应与大气连通的排汽孔相通，排汽孔设在纵横排汽道的交叉处；排汽道纵横间距宜为6m，屋面面积每36m²宜设置一个排汽管，排汽管应作防水处理。 （4）刚性防水施工：	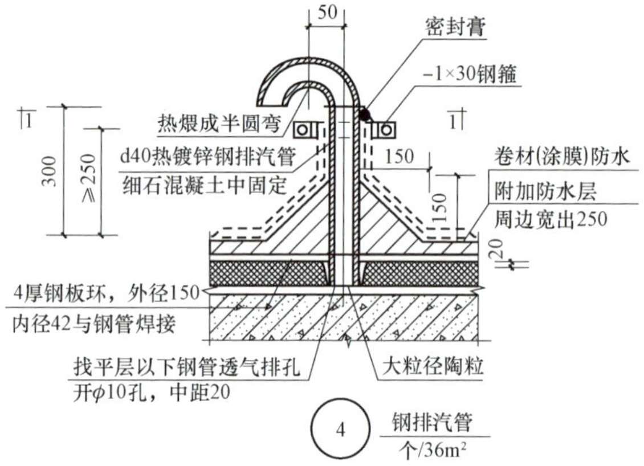 图4.4-1 排气管及泛水  图4.4-2 刚性防水1

续表

工艺编号	项目/工艺名称	工艺标准	施工要点	图片示例
TGYGY014-2022-BD-TJ	刚性防水层（细石混凝土）		1）混凝土强度等级、配合比、厚度符合设计要求。分格缝应设在屋面板的支承端、屋面转折处、防水层与突出屋面结构的交接处，分格缝间距不大于 3m，宽度一般为 20mm，将 20mm 宽的橡胶条沿分格缝位置线用胶水固定在防水层上。混凝土浇筑采用泵车布料，布料管出口距离屋面高度不宜大于 50cm，放料速度应缓慢，防止飞溅和冲击力较大。钢筋网按设计要求绑扎，按分格缝断开。 2）施工环境温度应控制在 5℃以上，按“先远后近、先高后低”的原则进行，浇筑时控制混凝土坍落度，先薄铺下层混凝土，再将钢筋网提至中上层，后浇筑上层混凝土。细石混凝土防水层与山墙、女儿墙间设置缝隙，突出屋面的细部构造按设计和规范要求处理。浇筑时采用平板振动器振实，并用刮尺刮平，铁抹子压实收光。压光后表面光洁、无抹纹、色泽均匀一致，抹光时不能加水泥浆或干水泥粉。浇筑后 24h 可将分格缝橡胶条去掉，并用分格缝内应清理干净，油膏嵌缝应密实。 3）刚性防水面层，在施工完成 12～24h 后应及时进行养护。养护时间规定为：对块体刚性防水不少于 7d，细石混凝土及补偿收缩性混凝土不少于 14d，养护初期屋面不得随便上人。	图 4.4-3　刚性防水 2

续表

工艺编号	项目/工艺名称	工艺标准	施工要点	图片示例
TGYGY014-2022-BD-TJ	刚性防水层（细石混凝土）		（5）成品保护：保护层完成后，不得在上方直接行走运输小车或扔尖锐器具。 （6）注意事项：细石混凝土防水层与立墙及突出屋面结构等交接处，预留30mm的缝隙做柔性密封处理，细石混凝土防水层与基层间宜设置隔离层	

4.5 外墙轻集料砌块墙面工艺标准

工艺编号	项目/工艺名称	工艺标准	施工要点	图片示例
TGYGY015-2022-BD-TJ	外墙轻集料砌块墙面	（1）灰缝饱满度≥85%以上，平整度偏差≤2mm，垂直度偏差≤2mm，缝宽偏差≤2mm。 （2）勾缝深度≤3mm，缝宽宜为8～10mm，勾缝应密实、平滑、顺直、无裂缝、无空鼓	（1）材料：水泥宜采用普通硅酸盐水泥，强度等级≥42.5级，质量要求符合GB 175—2007。细骨料采用中砂，要求符合JGJ 52—2006。采用饮用水拌和，当采用其他水源时水质应达到JGJ 63—2006的规定。外墙轻集料砌块规格和抗渗等级按设计选型，宽度为30～90mm，高度90、190mm，长度90、140、190、240、290mm，其原材料性能、外观质量符合《装饰混凝土砌块》（JC/T 641—2008）、《普通混凝土小型砌块》（GB/T 8239—2014）、《建筑材料放射性核素限量》（GB 6566—2010）标准要求；砌块采用出厂时间最少1个月的防水型优等品，砖块颜色均匀，空心率≥25%，砖块吸水率≤35%，砌筑砂浆宜采用水泥砂浆掺建筑胶，强度等级≥M7.5，缝宽10mm，轻集料砌块进场应提供检验报告和合格证。 （2）轻集料砌块墙砌筑基本原理为主体墙（内叶墙）+空气层+90mm装饰实心砌块（外叶墙）。	图4.5-1 外墙轻集料砌块与墙体拉接 图4.5-2 外墙轻集料砌块圈梁勾缝

续表

工艺编号	项目/工艺名称	工艺标准	施工要点	图片示例
TGYGY015-2022-BD-TJ	外墙轻集料砌块墙面		(3) 砌块与内叶墙的拉接件沿竖向间距每六皮或九皮设一道，第一道设在±0.00 以上第三皮，砌筑时从转角处开始错缝搭砌。 (4) 排砖：砌筑前根据现场尺寸预排版，调整砖缝满足砌体的模数。在墙体转角处、柱间、门窗洞口处可选用异型砌块，应考虑与标准砌块的模数匹配，墙面排版时不应有小于 1/2 砖出现。 (5) 切砖、挑砖：将排版后标准砌块和异型砌块的数量进场，其中标准砌块是由进场的整块切割而成。砌筑前先进行选砖，挑选标准砌块是否有缺棱掉角、切割面是否光滑平整、无切割痕迹，劈裂面凹凸接近的砖块进行组砌，避免砌筑上墙后劈裂面凹凸反差太大等现象。 (6) 砌块砌筑：依据设计图纸确定砌筑时选用标准砌块或异型砌块，门窗洞口、圈梁、过梁、构造柱、女儿墙等部位选用异型切割砌块，且切割面朝外，每 400mm（二层砌块的高度）设一层拉结筋。砌筑砂浆内掺入抑碱剂，砂浆应逐块铺砌，采用满铺法。灰缝应做到横平竖直，全部灰缝均应填满砂浆，水平灰缝宜用坐浆满铺法。垂直缝可先在装饰实心砖端头铺满砂浆。 (7) 勾缝宜用防水砂浆，砂浆为 M15 干粉防水砂浆（砂为细砂），如有颜色要求，根据所使用颜色掺入氧化铁颜料，掺入量根据试配确定。勾缝时在砌块边贴美纹纸，先水平后垂直。先勾横缝，勾缝时将托板紧靠灰缝下口，用长镏子从右至左移动，将砂浆刮平，推入缝内填满，再从左至右压平压光成平缝，压入深度控制在凹进砖边缘 2～3mm 为宜，勾竖缝时，应用短镏子，将砂浆由托板口刮起转90°角推入缝中填满压实压	图 4.5-3 外墙轻集料砌块墙面外观

续表

工艺编号	项目/工艺名称	工艺标准	施工要点	图片示例
TGYGY015-2022-BD-TJ	外墙轻集料砌块墙面		光。勾缝质量应满足横平竖直，深度一致，不得有凹凸和波浪现象，灰缝要实，光滑不起毛，十字缝搭接要平整，不得有丢缝、开裂、黏接不牢和污染墙面等现象，勾缝完毕1h后将墙面用扫帚扫干净，勾缝应从顶层向底层进行。 （8）细部做法：框架柱部位、构造柱和过梁部位采用L形异型砌块砌筑；圈梁处切割成薄型砌块砌筑，同时增加锚固件与圈梁固定，每块砌块上下各设置两个锚固件；门窗、百叶、风机等洞口采用L形异型砌块砌筑；女儿墙和勒脚侧面砌筑，同时增加锚固件或锚固钢筋与混凝土墙板固定，每块砌块上下各设置两个锚固件或锚固钢筋。锚固件或锚固钢筋的规格按图纸施工，锚固件或锚固钢筋安装后经拉拔试验合格后方可砌筑。 （9）成品保护：砌筑完成后，门窗洞口处应安装护角，防止磕碰损坏。建筑物周边散水、检查井等施工时，墙体下部应进行包裹，防止墙面污染。 （10）注意事项：墙面勾缝完成后，宜在表面喷涂丙烯酸溶液一层，减少墙面污染和渗水现象	

第 5 章　装饰装修工程工艺标准

5.1　吊顶顶棚（铝扣板＋铝方通）工艺标准

工艺编号	项目/工艺名称	工艺标准	施工要点	图片示例
TGYGY016-2022-BD-TJ	吊顶顶棚（铝扣板＋铝方通）	（1）铝方通吊顶工程所用材料的品种、规格、颜色以及基层构造、固定方法应符合设计要求。 （2）铝扣板安装平整、牢固，排版合理，间隙均匀一致，无翘曲、变形。 （3）平整度偏差≤2mm。接缝直线度偏差≤1mm。接缝高低差偏差≤0.5mm。 （4）吊顶四周水平偏差：±3mm。 （5）轻钢龙骨间距≤1200mm。相互平行并与轻钢龙骨垂直，间距10～20mm。 （6）与其他设备、灯具位置的连接宜按板块分割对称，布局合理；开口边缘整齐，护口严密不露缝	（1）材料：铝方通及吊杆等材料应符合设计和现行规范要求，颜色符合建筑整体风格。 （2）龙骨施工要点： 1）龙骨为轻钢龙骨，铝板烤漆，底色宜为深色，避免吊顶内管道、通风管以及电缆桥架等过于显眼。 2）根据吊顶的设计标高在四周墙上弹线，弹线应清楚，位置准确，其水平允许偏差±5mm。 3）确定龙骨位置线，根据铝扣板的尺寸规格，以及吊顶的面积计算吊顶骨架的结构尺寸。 4）吊杆、龙骨和饰面材料安装必须牢固。吊杆应采用预埋铁件或预留锚筋固定，在顶层屋面板严禁使用膨胀螺栓。 5）主龙骨吊点间距按设计推荐系列选择，中间部分应起拱，龙骨起拱高度不小于房间面跨度的 1/200。主龙骨安装后应及时校正位置及高度。 6）吊杆应通直并有足够的承载力。当吊杆需接长时，必须搭接焊牢，焊缝应均匀饱满，做防锈处理，吊杆距主龙骨端部不得超过 300mm，否则应增设吊杆，以免主龙骨下坠；次龙骨（中龙骨或小龙骨）应紧贴主龙骨安装。 （3）铝方通施工要点： 1）把预装在龙骨上吊件，连同方通龙骨装在轻钢龙骨下面，方通龙骨间距一般为 1.2m，全部装完后必须调整至水平。	图 5.1-1　铝扣板＋铝方通吊顶 1 图 5.1-2　铝扣板＋铝方通吊顶 2

续表

工艺编号	项目/工艺名称	工艺标准	施工要点	图片示例
TGYGY016-2022-BD-TJ	吊顶顶棚（铝扣板+铝方通）		2）可结合石膏板吊顶收边，铝方通深入石膏板吊顶50mm以上为宜。 3）将铝方通按顺序扣挂在龙骨上，再将倒锁片压下，方通端头应保持10mm或20mm的距离。 （4）如有铝扣板吊顶时，铝扣板施工要点：方形铝扣板置于铝方通上方，扣板应铺设平整，无翘曲，吊顶平面平整误差不得超过5mm。 （5）龙骨在大面积施工前，应做样板，对顶棚的起拱、灯具、烟感探测、导向标识、空调风机等构造合理布置，检查满足设计要求后再大面积施工。 （6）吊顶工序应与其他工序合理组织，施工前，应与水电、暖通、消防等进行核实，确认无误后再实施	

5.2 吸音墙（穿孔吸音板）工艺标准

工艺编号	项目/工艺名称	工艺标准	施工要点	图片示例
TGYGY017-2022-BD-TJ	吸音墙（穿孔吸音板）	（1）墙面垂直、平整，拼缝密实，线角顺直，板面色泽均匀整洁。 （2）允许偏差：墙面垂直度偏差≤3mm，平整度偏差≤2mm，阴阳角方正偏差≤2mm，接缝直线度偏差≤3mm，接缝高低差偏差≤2mm	（1）吸音板安装要符合室内装修环保标准，包括：《民用建筑工程室内环境污染控制标准》（GB 50352—2015）；《室内装饰装修材料人造板及其制品中甲醛释放限量》（GB 18580—2017）、《吸声板用粒状棉》（JCT 903—2012）、《建筑内部装修设计防火规范》（GB 50222—2017）。 （2）轻钢龙骨使用的紧固材料应满足构造功能，结构层间连接牢固；骨架应保证刚度，不得弯曲、变形。 （3）穿孔吸音板在非安装环境中存放必须密封防潮，不能堆积和重压，防止变型、起拱等现象发生。安装完成应及时清理干净，交界、转角部位做好软质保护条，避免污染和损坏成品。	

续表

工艺编号	项目/工艺名称	工艺标准	施工要点	图片示例
TGYGY017-2022-BD-TJ	吸音墙（穿孔吸音板）		（4）穿孔吸音板的耐火等级、环保等级和厚度等参数应符合设计要求，并提供检验报告。 （5）对整个墙面进行排版，以确保板面布置总体匀称。四围留边时，留边的四周要上下左右对称均匀，且边板宽度尺寸不小于 300mm；墙上的灯具、配电箱、穿墙导管等设备位置合理、美观；地面与墙面收口应预留或设置踢脚线空挡。 （6）主次龙骨安装。竖向主龙骨固定点间距按设计推荐系列选择，原则上不能大于 1000mm。主龙骨与基层墙面连接固定，其纵向安装相邻龙骨间距为 600mm，主龙骨安装后应及时校正其垂直度及平整度，主龙骨安装垂直度、平整度误差控制在 5mm 范围内。当主龙骨安装垂直度及平整度检查合格后，方可在纵向主龙骨上进行横向次龙骨的安装。横向次龙骨安装间距为 600mm，次龙骨与主龙骨间的连接采用拉铆钉。 （7）穿孔吸音板安装方向及顺序。穿孔吸音板的安装顺序，应遵循从下到上的原则。部分穿孔吸音板有对花纹要求的，每一立面应按照吸音板上事先编制好的编号依次从小到大进行安装。穿孔吸音板安装方向，应按照板材企口方向，依次安装并用安装配件固定，每块吸音板依次相接，吸音板两端要留出不小于 3mm 的缝隙。 （8）收边时，可采用收边线条对其进行收边，收边处用螺钉固定。对右侧、上侧的收边线条安装时为横向膨胀预留 1.5mm，并可采用硅胶密封	图 5.2-1　吸音墙面 1 图 5.2-2　吸音墙面 2

第6章　室外工程工艺标准

6.1　装配式电缆沟工艺标准

工艺编号	项目/工艺名称	工艺标准	施工要点	图片示例
TGYGY018-2022-BD-TJ	装配式电缆沟	（1）装配式混凝土沟壁内实外光，平整顺直；沟底排水坡度顺畅，无明显积水，沟沿阳角倒圆弧；电缆沟过水槽设置合理。 （2）接地扁铁与支架连接稳固、接地可靠，扁铁焊接工艺规范，接地体跨越变形缝处变形补偿工艺标准。 （3）电缆沟预制构件连接牢固，接缝打胶填嵌密实、密封可靠，表面顺直。 （4）构件截面尺寸偏差≤2mm，表面平整度偏差≤2mm，接缝平直度偏差≤3mm，接缝高低差≤2mm	（1）材料。装配式电缆沟在预制厂预制、蒸气养护。采用普通硅酸盐水泥，质量符合《通用硅酸盐水泥》（GB 175—2007）规定。粗骨料采用级配碎石或卵石，细骨料采用中砂，质量应符合《普通混凝土用砂、石质量及检验方法标准》（JGJ 52—2006）要求。采用饮用水拌和，当采用其他水源时水质应达到《混凝土用水标准》（JGJ 63—2006）的规定。安装螺栓采用Q235钢材制作的镀锌螺栓。 （2）拼接段面。装配式电缆沟拼接段面采用企口增强对接处连接强度，单节电缆沟一端留凹槽，另一端留凸槽，沟道预制截面尺寸满足设计及规范要求。 （3）拼装预埋件。电缆沟预制时在沟壁外侧提前预埋安装螺栓孔和螺栓紧固槽；内壁预埋电缆支架安装螺栓孔，预埋螺母直径为12mm，长60mm，预埋时与电缆沟的内部配筋焊接固定，位置误差为1～2mm，方便后期支架安装。 （4）吊装辅助预埋件。在电缆沟生产时沟底板预留吊装螺栓孔，搬运及安装时配合螺栓扣使用。预埋M20六棱形螺栓，最薄处壁厚5mm，深度60mm，底部焊接Φ 12以上钢筋锚固件，锚固长度不低于300mm，吊环采用材料Φ 15mm，吊环孔内径40mm方便穿钢丝绳。	图6.1-1　装配式电缆沟沟壁上预留安装螺栓孔 图6.1-2　装配式电缆沟预留吊装螺栓孔

续表

工艺编号	项目/工艺名称	工艺标准	施工要点	图片示例
TGYGY018-2022-BD-TJ	装配式电缆沟		（5）拼接及止水条安装。电缆沟预制件连接处安装遇水膨胀止水橡胶条，采用螺栓紧固。将遇水膨胀止水橡胶条粘贴在电缆沟接头的凹槽内，另一节对接就位后采用四根镀锌螺栓将两节电缆沟连接起来，紧固拉紧，使企口紧密相接，保证止水条受到一定的界面应力。接缝止水橡胶条在遇水后发生2～3倍的膨胀，充满接缝间的空隙，同时对接面产生巨大的挤密压力、彻底防止渗漏。 （6）硅酮结构胶勾缝。电缆沟接缝采用硅酮结构胶勾缝，接缝线条平直美观，同时确保水及泥沙更不易通过接缝渗入电缆沟内部。 （7）电缆沟排水。排水沟宜内设截面直径80～100mm、坡度0.3%～0.5%的半圆形纵向沟槽，横坡为2%，通过沟内排水集水井与站区排水管网连接。电缆沟排水集水井宜设置在转角处和交叉处，该节电缆沟宜采用现浇混凝土，与预制沟道对接平顺，止水带安装顺直。 （8）接地扁铁安装。接地扁铁与电缆支架采用不锈钢膨胀螺栓固定在内沟壁预埋螺栓固定件上，连接稳固、可靠，镀锌接地扁铁跨越变形缝处应设变形补偿措施	图6.1-3　装配式电缆沟膨胀止水条 图6.1-4　装配式电缆沟紧固螺栓安装 图6.1-5　装配式电缆沟排水口

6.2 干粘石饰面围墙工艺标准

工艺编号	项目/工艺名称	工艺标准	施工要点	图片示例
TGYGY019-2022-BD-TJ	干粘石饰面围墙	（1）石子颗粒坚硬，不含粘土、软片、碱质及其他有机物等有害物质。石子应冲洗干净并分色晾干。 （2）石粒粘结牢固，分布均匀，表面平整，颜色一致，无空鼓开裂、无漏粘漏浆，不得有接槎痕迹。 （3）墙表面平整度偏差≤5mm。垂直度偏差≤5mm。分格条（缝）平直度偏差≤3mm。 （4）轴线位移≤5mm，平整度偏差<3mm，垂直度偏差≤3mm。 （5）针对不同的墙体材料进行基面处理。 （6）变形缝设置间距不得大于 15m，缝宽 25mm	（1）材料：采用普通硅酸盐水泥，强度等级≥42.5 级，或采用 32.5 强度等级的白水泥。石子应清洗干净，晾干后按颜色分类堆放，上面用帆布盖好。采用饮用水拌和，当采用其他水源时水质应达到现行施工用水规定。 （2）基层清理。墙面灰尘及附着物应先清理干净，粘石前底灰上应浇水湿润，浇水要适度，防止出现底灰浇水饱和。 （3）分格。弹线分格、粘分格条，分格条使用前要用水浸透，粘时在条两侧用素水泥浆抹成 45°八字坡形。 （4）抹粘结层砂浆。粘结层厚度以所用石子厚度确定，控制在 8～10mm 为宜，抹灰时如果底面湿润又干的过快的部位应再补水湿润，然后抹粘结层。抹粘结层宜采用两遍抹成，第一道用同强度等级水泥砂浆素浆薄刮一遍，保证结合粘牢，第二遍抹掺胶水水泥砂浆。整个分格块面层比分格条低 1mm 左右，石子撒上压实后，不但可保证平整度，且条边整齐，而且可避免下部出现鼓包皱皮现象。 （5）甩石子。要求用甩，用力均匀，粘石后要轻拍，将石渣拍入灰层 2/3，要求拍实拍严。先粘分格条处而后再粘大面，阳角粘石采用八字靠尺，起尺后及时用米粒石修补和处理黑边。 （6）拍平、修正。在水泥砂浆初凝前，先扣压边缘，后中间，拍压要轻重结合。拍压完成后，应对已完成面层进行检查，发现阴阳角不顺直，表面不平整、黑边等问题要及时处理。	图 6.2-1 干粘石饰面墙 1 图 6.2-2 干粘石饰面墙 2

续表

工艺编号	项目/工艺名称	工艺标准	施工要点	图片示例
TGYGY019-2022-BD-TJ	干粘石饰面围墙		（7）前工序全部完成，检查无误后，随即将分格条、滴水线条内垃圾清理干净。勾缝要保持平顺挺直、颜色一致。 （8）喷水养护。粘石面层完成后常温24h后洒水养护，养护期不少于2～3d，阳光强烈，气温较高时，应适当遮阳，避免阳光直射，并适当增加喷水次数，以保证工程质量	

6.3 真石漆饰面围墙工艺标准

工艺编号	项目/工艺名称	工艺标准	施工要点	图片示例
TGYGY020-2022-BD-TJ	真石漆饰面围墙	（1）真石漆颜色均匀一致，无泛碱、流坠、咬色、刷痕、砂眼，弹性涂料点状分布应疏密均匀。 （2）总厚度不小于3mm。 （3）耐洗刷性（次）≥3000	（1）基层验收须按普通抹灰标准对水泥砂浆基层进行验收，即墙面平整、阴阳角顺直，并要求干燥（含水率≤10%）、无浮尘、无油污、无空鼓。 （2）批刮腻子。用专用腻子批底两遍，干燥后打磨整平，阴阳角可略磨圆，保持顺直。分格条表面粘贴胶带保护。 （3）环境要求。喷（辊）涂抗碱封闭底漆一遍（适合施工环境温度≥8℃，尽量选择风力不大于3级的天气施工）。 （4）喷涂要求。喷（辊）涂抗碱封底漆主要是防止基层反碱反色，要求不得漏喷（辊）涂。应采用专用喷枪，喷嘴口径：小浮点5.5～6mm；中浮点6～7mm；大浮点7mm以上。 （5）喷涂真石漆骨料。在水泥墙面施工，一般要加少量水稀释，应根据墙面及空气干湿程度确定，以加至喷涂表面湿润丰满而又不会出现凹坑及挂流为宜。喷涂真	图6.3-1 真石漆饰面围墙1 图6.3-2 真石漆饰面围墙2

续表

工艺编号	项目/工艺名称	工艺标准	施工要点	图片示例
TGYGY020-2022-BD-TJ	真石漆饰面围墙		石漆骨料应分两次进行。第一道均匀薄喷，待其完全干燥后检查涂膜，如有底层未处理好等问题，可用喷涂料及时修补，然后再喷第二道面层，达到丰满均匀。未分格的整块墙面应一次连续喷完，中间不能有停顿和接口。喷枪出料角度尽量与墙面垂直，喷枪距离墙面不应大于500mm，避免左右斜枪以防形成不均匀浮点。 （6）表面清整。喷涂干燥后，进行表面清整，用铲刀消除分格缝边、阴阳角及表面高出部分，如有细小缺口，可用干净手指以同种材料抹平，注意范围尽量小，然后用砂纸打去浮砂至不搓手。 （7）辊涂罩面剂。适合施工环境温度≥15℃，上硅丙面油一道，直接用滚筒滚满滚湿，再尽量收干，避免挂流。 （8）分格缝宜采用PVC条。缝应横平竖直，连接贯通，缝宽10mm	

6.4 草坪场地工艺标准

工艺编号	项目/工艺名称	工艺标准	施工要点	图片示例
TGYGY021-2022-BD-TJ	草坪场地	（1）人工移栽草应符合设计要求和站址气候条件要求，应选用适宜的四季常青型苗圃。 （2）草坪植物的根系80%分布在40cm以上的土层中，土层厚度应达到40cm左右，土层	（1）材料：人工移栽草采用幼苗苗龄应为3～5月，栽种密度宜为80～90株/m^2。 （2）施工准备：按10m×10m方格钉好标高控制桩，并按图纸坡度设计要求平整场地。 （3）施工流程： 1）用机械对场地进行初平，清除场地30cm深以内的石块、杂物等垃圾。 2）人工对场地进行精平，对场地整形造坡，进行第一	

续表

工艺编号	项目/工艺名称	工艺标准	施工要点	图片示例
TGYGY021-2022-BD-TJ	草坪场地	薄弱区域应加厚土层	次碾压平整。 3）铺洒腐质土、河沙等对土壤进行改良，用木条擀平铺洒河沙后的土壤，用木板制作的简易拍打工具进行第二次碾压。 4）全场摊铺碾压完毕，检测其密实度、平整度及坡度是否符合要求，平整度及坡度不达要求处一定要修整，符合要求为止，密实度控制在 75±5%为宜。 5）应根据当地气候条件选择苗圃，苗龄宜为 3～5 月，高度 10cm 左右，移植过程中，幼苗根部应带有部分土壤，运输时做好保湿的工作。 6）幼苗栽种应在雨季前，选择适宜的气候条件，气温宜为 15～20℃，进行人工栽种时，以"上不埋苗心，下不露苗根"为宜，栽种密度为 80～90 株/m^2。 7）栽种完毕后，及时浇水，土壤充分湿润，深度控制在 5～10cm，后续按周采取养护措施。为保证草坪的后续长势，可适当撒些复合肥，2～3 个月后可修剪移交	图 6.4-1　草坪场地

6.5　明沟排水工艺标准

工艺编号	项目/工艺名称	工艺标准	施工要点	图片示例
TGYGY022-2022-BD-TJ	明沟排水	（1）排水沟应设置在迎水侧，应保证内壁光滑平整，迎水侧沟沿略低于原状土，并结合紧密。 （2）设计无要求时排水坡度不小于 0.5%。	（1）水泥宜采用普通硅酸盐水泥，质量要求符合《通用硅酸盐水泥》（GB 175—2007）。粗骨料采用碎石或卵石，细骨料应采用中砂，其他质量要求符合《普通混凝土用砂、石质量及检验方法标准》（JGJ 52—2006）。宜采用饮用水拌和，当采用其他水源时水质应达到《混凝土用水标准》（JGJ 63—2006）的规定。 （2）伸缩缝间距 15m，采用橡胶止水带止水。当沟道	图 6.5-1　明沟排水 1

续表

工艺编号	项目/工艺名称	工艺标准	施工要点	图片示例
TGYGY022-2022-BD-TJ	明沟排水	每隔30～40m设置一集水坑，通过排水管引入雨水口或检查井。 （3）现浇沟壁应光滑顺直、平整洁净，沟底排水坡度顺畅。沟壁混凝土和垫层混凝土强度应符合设计要求，钢筋保护层厚度：盖板（一般地区）25mm；沟壁、底板、顶板、盖板（特殊地区）及过梁为30mm。 （4）排水沟顶部设钢格栅、预制混凝土材质盖板，满足排水要求。盖板应能承受所处位置所需承受的最大载荷。 （5）沟道中心线位移偏差≤10mm，沟道平面标高偏差－3～0mm。沟道截面尺寸偏差≤3mm，沟侧平整度偏差≤3mm	处在回填土等不利地基土上时应适当加密伸缩缝的设置。土质突变处，沟道断面变化处，一般地区与特殊地区交接处等引起沟道不均匀沉降的地方设置沉降缝。 （3）当沟道处在回填土上时，其回填土必须分层夯实，压实系数不小于0.95，沟壁外侧回填土应在沟道盖板放置完成后沿沟道两侧均匀包填，分层压实。 （4）沟壁模板安装。电缆沟宜采用定型钢模。如采用木模板用18mm胶合板方木背楞（方木应过刨，控制尺寸），50mm钢管加固。钢管竖、横杆间距不大于600mm，模板接缝用双面胶带挤压严密。 （5）混凝土浇筑。沟壁两侧应同时浇筑，防止沟壁模板发生偏移。振捣时振捣棒应快插慢拔，按行列式或交错式前进。振捣棒移动距离一般在300～500mm，每次振捣时间一般控制范围为20～30s，以混凝土表面呈现水泥浆和混凝土不再沉陷为准。当混凝土初凝、进行沟顶收面时，对沟壁倒角处混凝土用橡皮锤敲击外侧模板，以防止倒角处气泡产生。 （6）混凝土沟壁顶标高需用水准仪控制，表面用铁抹子压光，至少擀压三遍完成。 （7）预制沟盖板尺寸应和排水沟企口尺寸相配合，确保盖板放置稳定，且可方便抬起，盖板之间应排列紧密，避免滑动	图6.5-2　明沟排水2

6.6　重型铸铁井圈、井盖（沥青路面）工艺标准

工艺编号	项目/工艺名称	工艺标准	施工要点	图片示例
TGYGY023-2022-BD-TJ	重型铸铁井圈、井盖（沥青路面）	（1）进场材料符合设计及规范要求。 （2）轴线坐标偏差≤5mm，井圈标高应比路面低 5～10mm，井圈与井壁吻合偏差≤10mm，井圈平整度偏差≤3mm	（1）材料：井盖宜选用 D400 型，井盖上应有清晰且永久的承载能力、用途、制造厂商标识。 （2）井圈、井盖安装：检查井壁顶面高程无误后，在需要安装井圈的位置坐 2cm 厚 1∶1.5 水泥砂浆、安放井圈，井圈内边与井内壁用砂浆抹平。安装时用水平仪抄平、拉线，保持基底平整，井圈底座整体着地，稳固无松动。 （3）泄水孔设置：井盖上的泄水孔随井盖预制一次成型，严禁在成品井盖上钻孔。 （4）成品保护：运输时采取防护措施，每块之间用草栅隔离，防止边角损坏，装卸时轻装轻放，集中码放，减少二次搬运。施工时，对井盖采取包覆保护，或用油质隔离剂等刷涂表面，以防沥青油直接喷在井盖上。 （5）路面施工：沥青路面摊铺时，不得有施工机械直接碾压井盖，井盖周围用人工摊铺、小型机具压实。 （6）注意事项： 1）城市型道路上的路面顺坡坡向雨水井。 2）沥青路面施工时，对井圈校正位置及标高。 3）安装在机动车道内的检查井盖应有防碾压噪声、防位移和盖座锁定装置	图 6.6-1　重型铸铁井盖 图 6.6-2　重型铸铁井圈

第 7 章　建筑安装工程（含消防工程）工艺标准

7.1　压缩空气泡沫消防系统（CAFS）工艺标准

工艺编号	项目/工艺名称	工艺标准	施工要点	图片示例
TGYGY024 - 2022 - BD - TJ	压缩空气泡沫消防系统（CAFS）	（1）压缩空气泡沫产生装置主机安装应按厂家要求进行吊装、就位作业。 （2）泡沫液储罐的安装位置和高度应符合设计要求。 （3）喷淋管道的材质应符合设计要求，严控焊缝探伤。 （4）消防炮回转范围内不应有护栏等障碍物。 （5）在完成各系统的调试后，应在现场进行模拟火灾的喷射测试。 （6）系统各组件安装质量允许偏差应符合设计要求	（1）在当地气温有可能导致管道冰冻时，需要对管道和水箱进行保温（管道保温材料宜选用橡塑棉），必要时使用电伴热加热保温，现场应设置管道温度测量探头和电伴热控制箱。 （2）泡沫液灌装应在冲洗合格后进行，并在调试试验后补充至设计液位。 （3）消防供水管道、转输水箱、减压阀、消防泵等共同构成了 CAFS 的供水设备，其输送流量、压力必须满足 CAFS 主机要求。 （4）固定喷淋管道喷头安装或管道打孔完成后，必须保证喷头的安装方位或管道打孔角度与设计图纸一致。 （5）消防炮在防火墙挑檐上方的固定支架应采用化学螺栓固定或预埋件固定，严禁使用膨胀螺栓。 （6）CAFS 管道的安装应严格按照设计图纸要求进行。 （7）CAFS 压缩空气管道、供水管道、CAFS 输送管道均应在醒目位置喷涂介质流向及起止位置。 （8）施工时需要特别核对阀门编号及对应的防护区，仔细核查接线顺序，避免阀门因接线错误导致开启了错误的防护区。 （9）需要在系统联动测试喷射泡沫过程中，同步接取喷射出的泡沫进行 25%析液时间和发泡倍数测定，其结	 图 7.1 - 1　CAFS 主机及空压机  图 7.1 - 2　设备间内泡沫液罐及管道  图 7.1 - 3　固定喷淋管道布置

续表

工艺编号	项目/工艺名称	工艺标准	施工要点	图片示例
TGYGY024-2022-BD-TJ	压缩空气泡沫消防系统（CAFS）		果应符合相关规范要求。 （10）CAFS调试前置条件： 1）系统各装置应在设计指定位置安装就位。 2）管道连接完成，强度及严密性试验全部合格。 3）管道冲洗完成。 4）管道保温施工完成（注：调试期间无冰冻时可暂缓完成）。 5）电气、自控安装完毕并显示正常。 6）泡沫液罐中已储备满足试验要求剂量的泡沫液。 7）系统水源、电源符合设计要求。 8）系统内各装置（各电动阀门、消防炮、空压机、水泵、CAFS主机）单机试运行测试完成。 9）系统安装结束，与系统有关的火灾自动报警装置及联动控制设备安装调试合格。 10）试喷范围内电气设备、屏柜、汇控柜等应关闭柜门，必要时使用防水布包裹，避免试喷时进水损坏。 （11）在模拟中，如无特殊情况，应对双极高低端每一个换流变间隔都进行喷射测试，可采用喷泡沫或者喷水进行。试喷区域要进行隔水围挡，防止喷射的泡沫扩散，试喷结束后集中收集，防止污染环境，满足环保要求。 （12）管道的放空阀应设置在管道最低处	图7.1-4 消防炮安装

7.2 调相机IG541气体灭火消防系统工艺标准

<table>
<tr><th>工艺编号</th><th>项目/工艺名称</th><th>工艺标准</th><th>施工要点</th><th>图片示例</th></tr>
<tr><td>TGYGY025-2022-BD-TJ</td><td>调相机IG541气体灭火消防系统</td><td>（1）储存容器的操作面距墙面或操作面之间距离不宜小于1m；储存容器上的压力表应朝向操作面，安装高度和方向应一致。
（2）以重物为驱动力的机械驱动装置，应保证重物下落行程中无阻挡，其行程应超过阀开启行程25mm。
（3）管道支架间距不宜大于0.6m，平行管道管夹间距不宜大于0.6m。
（4）管网上不应采用四通管件进行分流。
（5）喷头宜贴近防护区顶面安装，距顶面的最大距离不宜大于0.5m。
（6）容器阀和集流管之间应采用挠性连接。储存容器和集流管应采用支架固定。</td><td>（1）输送管道安装与支管道安装应做到横平竖直，并应与吊顶内的照明管线、火灾报警管线等相协调。
（2）输送管道采用法兰焊接形式连接时，法兰内、外口宜全部焊接检查合格后方可进行防腐处理；安装完成后要进行压力实验和严密性实验，实验合格后整体对系统进行防腐。
（3）储存容器的正面应标识编号和灭火剂名称。
（4）集流管束的制作安装宜采用焊接方式，开口采用机械加工方式；集流管安装前应清理干净并对其封闭，集流管安装支架应牢固并进行防腐处理。
（5）泄压装置泄压口不应朝向操作面。减压装置宜采用减压孔板。减压孔板宜设在系统的源头或干管入口处。
（6）选择阀操作手柄应在操作面一侧，螺纹连接的选择阀宜采用活接头，选择阀上应标明防护区域名称或编号，标牌应固定在相应手柄附近。
（7）喷嘴安装在吊顶下不带装饰罩时，其连接管管端螺纹不应露出吊顶，安装在吊顶下带装饰罩时，装饰罩应紧贴吊顶。
（8）驱动气瓶的支、框架或箱体应固定牢固并做防腐处理，管道应横平竖直，管道交叉之间间距应保持一致。
（9）管道和金属壳体应做好防静电接地</td><td>图7.2-1　气体灭火设备1
图7.2-2　气体灭火设备2
图7.2-3　气体灭火喷嘴安装1
图7.2-4　气体灭火喷嘴安装2</td></tr>
</table>

续表

工艺编号	项目/工艺名称	工艺标准	施工要点	图片示例
TGYGY025 - 2022 - BD - TJ	调相机 IG541 气体灭火消防系统	（7）操作面距墙面或两操作面之间的距离，不宜小于 1.0m，且不应小于储存容器外径的 1.5 倍。 （8）灭火剂输送管道穿过墙壁、楼板处应安装套管，穿墙套管的长度应和墙厚相等，穿过楼板的套管长度应为 50mm，套管填柔性阻燃材料并密实		

7.3　建筑落水管工艺标准

工艺编号	项目/工艺名称	工艺标准	施工要点	图片示例
TGYGY026 - 2022 - BD - TJ	建筑落水管	（1）所有落水管的检查口高度和形式保持一致。 （2）落水斗安装应符合以下规定： 1）落水斗水平高度应≤5.0mm； 2）落水管伸入落水斗上口深度为 30～40m，且落水管口距落水斗内壁≥20mm。	（1）材料：雨水口、雨水斗、雨落水管采用 304 亚光不锈钢，汇水面积较大建筑物采用 DN159 雨落水管，壁厚 1.5mm，一般建筑采用 DN108 雨落水管，壁厚 1.0mm，每隔 3.9m 设置伸缩节；管卡采用 304 不锈钢材质；钢管端部弯曲段采用氩弧焊。材质及质量检验符合《不锈钢卡压式管件组件　第 2 部分：连接用薄壁不锈钢管》（GB/T 19228.2—2011）。 （2）立管安装要点： 1）按设计要求布置在墙面色带上且居中，间距一致且	图 7.3 - 1　建筑物雨落水管

续表

工艺编号	项目/工艺名称	工艺标准	施工要点	图片示例
TGYGY026-20、22-BD-TJ	建筑落水管	（3）钢管的内外表面应光滑，不得有折叠、分层、毛刺、过酸及氧化铁皮和其他妨碍使用的缺陷，轻微划伤、压坑、麻点等深度应不超过壁厚负偏差值，切口应无毛刺。 （4）外焊缝应与母材平齐并圆滑过渡，内焊缝最小高度应>0.05 mm。 （5）吊线和尺量检查、主管垂直度允许偏差。 1）每米高度≤3mm。 2）5m以内，全高≤10mm。 3）5m以上，每5m≤10mm，全高≤20mm。 （6）钢结构厂房落水管系统的落水斗、管卡、拉攀和托勾采用不锈钢螺丝固定在檩条上。 （7）雨水斗、管的连接应固定在屋面的承重结构上，雨水斗与屋面的连接处应严密不漏。连接管管径当设计无要求时，不得小于100mm。 （8）施工质量应满足《建筑给水排水及采暖工程施工质量验收规范》（GB 50242—2002）等相关规程、规定要求	对称布置，保证整个墙面落水管规整、协调。施工时采用红外水平仪控制标高及垂直度。 2）钢结构厂房管卡底板采用自攻螺丝固定在檩条上（严禁固定在压型钢板上），自攻螺丝应在压型钢板外侧加防水垫，管卡间距同檩条间距。其他建筑采用专用不锈钢材质卡具在墙上固定，间距1.2m。 3）立管底的弯曲处应加支撑。 4）立管安装完毕后，应对管道的外观质量和安装尺寸复核检查，无误后再通水试验。 （3）落水斗安装应符合以下规定： 1）落水斗必须有独立固定措施，固定在屋面的承重结构上，落水斗与屋面的连接处应严密不漏。排水口与落水管连接处，落水管上端面应留有6～10mm的伸缩余量。 2）钢结构厂房落水管系统的落水斗、管卡。拉攀和托勾采用不锈钢螺丝固定在檩条上。 （4）落水斗管的连接应固定在屋面的承重结构上，落水斗与屋面的连接处应严密不漏。连接管管径当设计无要求时，不得≥100m。 （5）采用无组织排水的，落水管应将水排至散水水簸箕；采用有组织排水的，落水管插入雨水口，雨水口为活动式，可为钢格栅形式，方便除冰。 （6）施工质量应满足《建筑给水排水及采暖工程施工质量验收规范》（GB 50242—2002）等相关规程、规定要求	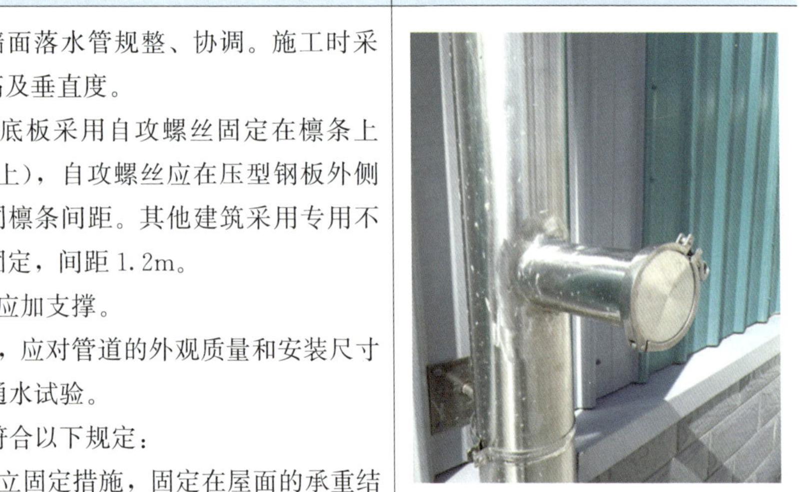 图7.3-2　建筑物落水管检查口 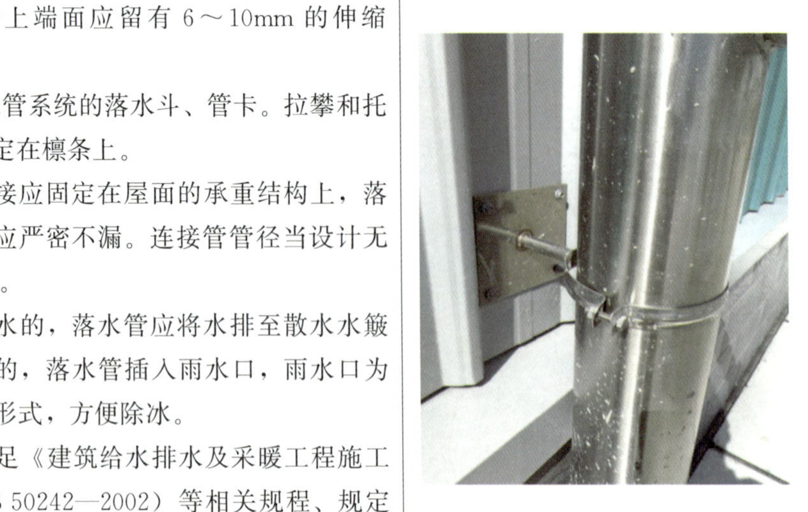 图7.3-3　管卡与墙板固定节点

第2篇　电　气　篇

第8章　换流站设备安装工艺标准

8.1　阀厅接地开关安装工艺标准

工艺编号	项目/工艺名称	工艺标准	施工要点	图片示例
TGYGY001-2022-BD-DQ	阀厅接地开关安装	（1）设备支架外形尺寸符合设计文件要求，封顶板及铁件无变形、扭曲，封顶板水平度偏差不大于2mm/m，并应符合产品技术文件要求。 （2）封顶板及铁件上的螺孔尺寸、孔间距离应符合产品技术文件要求，现场不宜采用气焊或电焊吹孔或扩孔。 （3）设备支架安装后，检查支架柱的定位轴线允许偏差不大于5mm，支架顶部标高允许偏差不大于5mm。 （4）接地开关合闸后，触头间的相对位置、备用行程以及分闸状态时触头间的净距或拉开角度，应符合产品的技术规定	（1）土建单位施工时紧密配合，确保设备的基础、支架、挂点位置准确，尺寸偏差控制在标准之内。设备全部安装完成以后，进行整体找正调整。 （2）绝缘部件检查，清洁、完整，无裂纹，胶合处黏合牢固；螺栓紧固、齐全、无松动；均压环、屏蔽罩表面光滑、色泽均匀一致，无凹陷、裂纹、毛刺、变形。 （3）严格按照《电气装置安装工程高压电器施工及验收规范》（GB 50147—2010）中有关规定施工	图8.1-1　阀厅接地开关成品

8.2 阀厅支柱绝缘子安装工艺标准

工艺编号	项目/工艺名称	工艺标准	施工要点	图片示例
TGYGY002-2022-BD-DQ	阀厅支柱绝缘子安装	(1) 铭牌应位于易于观察的一侧，标识应完整、清晰。 (2) 底座固定牢靠，受力均匀。 (3) 垂直误差≤1.5mm/m，底座水平度误差≤2mm，母线直线段内各支柱绝缘子中心线误差≤5mm。 (4) 底座与接地网连接牢固，导通良好，接地线应排列整齐，方向一致	(1) 设备开箱检查、试验： 1) 检查设备包装完好，规格型号符合设计要求。 2) 检查瓷套外观无裂纹、损伤，泄水孔畅通。 3) 检查金属法兰结合面应平整，无外伤或铸造砂眼。 4) 检查瓷套与铁法兰间的黏合牢固，各相关配件齐全。 5) 绝缘子支柱弯曲在规范规定的范围内。 (2) 支柱绝缘子安装： 1) 绝缘子支柱与法兰结合面接合牢固，使用镀锌螺栓进行组装；将顶部与金具、绝缘子节与节之间的连接螺栓紧固。 2) 依据安装图纸确定组装后的支柱绝缘子安装方向及其安装位置就位，找正后紧固底部与横梁连接螺栓。 (3) 接地施工： 1) 接地线采用焊接，焊接部位应在地面以下并刷沥青漆。 2) 接地地面以上部分采用黄绿接地标识，间隔宽度、顺序一致，最上面一道为黄色涂黄绿相间接地漆，宽度和顺序一致	图 8.2-1 阀厅内管母支柱绝缘子安装

8.3 柔性直流断路器安装工艺标准

工艺编号	项目/工艺名称	工艺标准	施工要点	图片示例
TGYGY003-2022-BD-DQ-01	柔性直流断路器安装（混合式直流断路器）	（1）设备应安装牢靠，外表清洁、完整，阀塔内部无工具、材料等施工遗留物。 （2）阀塔对地及其他设备电气安全距离满足设计要求。 （3）电气连接应可靠，且接触良好，接触电阻测试<5μΩ。 （4）所有螺栓紧固力矩满足产品技术文件的规定。 （5）阀冷却系统设备及管道无渗漏。 （6）自动控制保护装置工作应正常。 （7）接地应良好，且标识规范。 （8）交接试验应合格。 （9）绝缘子底座焊接完毕后应再次测量绝缘子底座尺寸偏差，要求纵向尺寸偏差≤±1mm，横向尺寸偏差≤±1mm，	（1）绝缘子底座安装：预埋件验收完毕后，将绝缘子底座焊接在预埋件上。绝缘子底座应四面满焊。焊后打磨，然后做防腐处理。 （2）支柱绝缘子安装：绝缘子底座安装完毕后，应安装支柱绝缘子。单阀塔支柱绝缘子，分上下两层，先安装下层支柱绝缘子，再安装上层支柱绝缘子。支柱绝缘子安装采用单轨吊，支柱配吊耳，吊平后安装。 （3）阀塔抗震平台安装：将抗震平台吊装至支柱绝缘子转接底座上，平台各部分之间的连接件完成初拧，待平台与连接块紧固完后再进行终拧。 （4）底部水管、光纤槽及斜拉绝缘子安装：将阀塔光纤槽安装至阀塔抗震平台，光纤槽接缝处需粘贴防护胶带。将电缆支架安装至抗震平台。先安装底部水管及光纤槽，再装斜拉绝缘子，斜拉绝缘子要注意伞裙滴水方向斜向下，同一侧绝缘子位置保持一致。 （5）平台元件（主支路组件、塔基光纤槽等）安装：将主支路组件安装至抗震平台，连接组件之间并联用铜排，将S型主水管及S型光纤槽安装至抗震平台，将主支路用供能变压器及电抗器安装至抗震平台。先固定主支路组件，之后固定塔基光纤槽，再固定变压器、电抗器最后连接铜排，磁环预先装到铜排上。 （6）层间组件安装：主要包括避雷器组件、转	 图8.3-1　混合式直流断路器成品  图8.3-2　线缆安装实物图

续表

工艺编号	项目/工艺名称	工艺标准	施工要点	图片示例
TGYGY003-2022-BD-DQ-01	柔性直流断路器安装（混合式直流断路器）	高度差≤±1mm。 （10）水路、屏蔽等电位连接牢固可靠	移支路组件、供能变压器组件、机械开关组件等安装。依次吊装各层转移支路组件、机械开关、供能变压器、避雷器，每层吊装完成后安装层间斜拉绝缘子及层间支柱绝缘子，每层吊装完成后安装维修平台。 （7）层间组件之间连接及维修平台安装：主要包括转移支路间连接排、机械开关连接排、避雷器组间连接排、光纤槽及附件、维修平台、爬梯等安装。 （8）屏蔽罩及屏蔽环安装：屏蔽罩紧固前调整好位置，必须做到不偏不斜，擦拭屏蔽罩表面，不能有污渍和手印。 （9）主供能变压器垂直起吊：变压器翻身吊装完成后，采用气箱上的同一高度上的吊攀进行整体起吊，采用单轨吊运输至指定工位，起吊时注意起吊速度，并且起吊高度不宜过高。再根据现场布置及方向要求，把供能变压器安装到现场地基上。 （10）主供能变压器检漏：充气完成后需要对变压器进行泄漏测定。用 SF_6 气体泄漏探测仪进行检测。底层供能变压器由于体积较大，气密试验时，采用将局部包扎的方式进行气密试验，将变压器上所有的法兰进行包扎，再进行气密试验。 （11）供能电缆安装、光纤敷设：供能电缆安装前应用酒精擦拭干净，电缆固定到转接排上，螺栓力矩应按标准执行。光纤铺设时严格按照工艺要求执行，避免出现光纤被扎坏或损坏现象，光纤安装完成后需复测是否完好	

续表

工艺编号	项目/工艺名称	工艺标准	施工要点	图片示例
TGYGY003-2022-BD-DQ-02	柔性直流断路器安装（机械式直流断路器）	（1）设备应安装牢靠，外表清洁、完整，阀塔内部无工具、材料等施工遗留物。 （2）开关平台方向（长度和宽度）钢板预埋件高度偏差不超过±2mm；单个钢板水平高度偏差不超过±2mm/m；相邻钢板水平高度偏差不超过±2mm。 （3）阀塔对地及其他设备电气安全距离满足设计要求。 （4）电气连接应可靠，且接触良好。 （5）阀冷却系统设备及管道无渗漏。 （6）自动控制保护装置工作应正常。 （7）接地应良好，且标识规范。 （8）交接试验应合格。 （9）测量确认高压线圈到法兰端面距离 L_1，430mm≤L_1≤460mm。	（1）基础验收： 1）验收阀塔预埋件，钢板预埋件定位尺寸满足基础图纸要求。 2）各底座间距及螺栓安装孔间距满足基础图纸要求。 3）各底座中心圆中心线以及相同位置安装孔中心线相对齐（平面内 x、y 方向均要满足）。 （2）平台总装： 1）将导体安装到高速开关，螺栓初拧。 2）安装支撑座，安装连接面螺栓初拧。 3）先吊装第一层开关底架至绝缘子，再吊装第一层驱动柜底架至绝缘子，安装连接面螺栓初拧。 4）对开关底架、驱动柜底架与绝缘子或连接板的所有连接螺栓力矩紧固；对下层绝缘子的上下法兰连接处所有螺栓力矩紧固。 5）吊装支柱绝缘子，安装连接面所有螺栓，拧紧不打力矩。 6）对绝缘子进行调平。 7）参照步骤2）～步骤6），吊装并安装多层开关底架及驱动柜底架。 8）吊装末层绝缘子，安装连接面所有螺栓，并初拧。 9）安装层间导体连接处的螺栓，并紧固所有导体安装处的螺栓。 10）测量每层间导体的接触电阻（$<0.5\mu\Omega$）。 11）吊装并安装顶屏蔽，紧固所有连接螺栓。 12）安装软连接。	图8.3-3　机械式直流断路器成品

续表

工艺编号	项目/工艺名称	工艺标准	施工要点	图片示例
TGYGY003-2022-BD-DQ-02	柔性直流断路器安装（机械式直流断路器）	（10）抽真空至真空度≤5Pa，再保持抽真空≥12h。 （11）SF_6 气体含水量测量：≤250μL/L（20℃）	13）紧固绝缘子底部所有连接螺栓。 （3）光纤槽盒安装：将阀塔 S 型光纤槽安装至阀塔抗震平台，光纤槽接缝处需粘贴防护胶带。 （4）层间屏蔽安装： 1）将支撑件安装到层间屏蔽，力矩紧固所有连接螺栓。 2）从上至下逐层吊装并安装层间屏蔽，紧固所有连接螺栓。 （5）主供能变压器充气检漏： 1）将产品充气至额定气压（按铭牌参数），对重新安装的密封面进行定向检漏，合格后对现场重新安装的壳体法兰密封面进行局部包扎，包括运输支撑盖板、防爆装置，静置 24h 后定量检漏。 2）充气作业时管路、接口等充气工装保持清洁干燥、无泄漏点。 3）产品充气时先用 SF_6 气体冲洗充气工装管路与接口处，去除原管路中残留水分，再对产品进行充气。 （6）端子连接： 1）在连接一次接线端子前，应确保一次端子板表面洁净无污物，无破损、氧化现象。用百洁布清洁铜—铜连接端并涂上导电膏，根据产品外形图一次接线端子连接方式进行连接，同时连接一次接线盒内的空气开关、压力传感器、温度传感器、温度采集器、开关电源、光纤转换器等器件，并确保紧固件连接端具有足够的接触压力。最后，检查一次接线盒内接地是否可靠。	

续表

工艺编号	项目/工艺名称	工艺标准	施工要点	图片示例
TGYGY003-2022-BD-DQ-02	柔性直流断路器安装（机械式直流断路器）		2）连接二次接线端子前，应确保二次端子板表面洁净无污物，无破损、氧化现象。用百洁布清洁铜—铜连接端并涂上导电膏，根据产品外形图二次接线端子连接方式进行连接，并确保紧固件连接端具有足够的接触压力。 3）产品应通过壳体上的接地座可靠接地，在供能变压器的接地端和系统地电位间必须有一低电阻通路	

8.4 换流变抗爆板安装工艺标准

工艺编号	项目/工艺名称	工艺标准	施工要点	图片示例
TGYGY004-2022-BD-DQ	换流变抗爆板安装	（1）迎火面角钢采用热镀锌，无锌疤，镀锌层完好。 （2）螺栓紧固满足规范要求，紧固件无漏装、无松动。 （3）抗爆板套管开孔处距离套管的距离不小于100mm。 （4）钢框架、迎火面角钢、中间龙骨安装留有断点，不能形成电磁回路	（1）钢框架整体安装顺序：由中间向两边，由下往上依次安装。 （2）将抗爆板面板吊装至安装位置。 （3）同时根据图纸将抗爆板对准连接孔位且贴合框架，作为防倾倒措施。 （4）利用内框架上的固定孔打入不锈钢螺栓，以固定抗爆门板。 （5）钢结构门框的柱和梁用铜绞线连成一个整体，最后整个抗爆门作为一个整体，取一点用铜绞线连接到防火墙接地干线上	图 8.4-1　抗爆门框架安装 图 8.4-2　抗爆门板完成安装 图 8.4-3　接地处理

8.5 换流变套管大（小）封堵安装工艺标准

工艺编号	项目/工艺名称	工艺标准	施工要点	图片示例
TGYGY005-2022-BD-DQ	换流变套管大（小）封堵	（1）螺栓紧固满足规范要求，紧固件无漏装、无松动，上下左右平齐。竖向包边拼缝处上端压下端，沿包边边缘、接缝处使用防火密胶填充平整，密实无间隙。 （2）不锈钢硅酸铝复合板安装完成后，金属面距离套管≥50mm，以防涡流发热。 （3）中间龙骨距离套管≥50mm，以防涡流发热。 （4）不锈钢面岩棉复合板安装完成后，金属面距离套管≥50mm，以防涡流发热。 （5）所有封堵材料无开裂、无缝隙、无断点，确保密封性；胶皮表面清洁平整，压条横平竖直，侧面密封胶平整无断点。	（1）根据图纸，确定迎火面角铁安装位置，由下到上依次安装角铁，使用膨胀螺栓进行固定。 （2）安装阀厅外侧不锈钢硅酸铝复合板： 1）裁剪硅酸铝纤维毯与防火板，填充第1块不锈钢面硅酸铝复合板的母口。 2）将第1块不锈钢面硅酸铝复合板吊装至安装位置，不锈钢面硅酸铝复合板距离两侧墙体距离基本相等。 3）使用燕尾钉将角铁固定于不锈钢面硅酸铝复合板卡口内侧。 4）使用硅酸铝纤维毯、镁质防火板与硅酸铝纤维毯填充不锈钢面硅酸铝复合板子口。 5）将第2块不锈钢面硅酸铝复合板吊装至安装位置，不锈钢面硅酸铝复合板距离两侧墙体距离相等，不锈钢面硅酸铝复合板字母口咬合正确，由下到上依次安装不锈钢面硅酸铝复合板。 （3）安装中间龙骨： 1）使用硅酸铝纤维毯密实填充不锈钢面硅酸铝复合板与墙体之间的间隙。 2）安装中间龙骨，使用膨胀螺栓固定两侧方管，龙骨之间使用外六角螺栓连接，龙骨与不锈钢面硅酸铝复合板之间加装防火板。 3）使用燕尾钉，连接龙骨方管与不锈钢面硅酸铝复合板。 4）由下到上，依次安装中间龙骨。 （4）安装中间层小封堵：	迎火面角钢 图 8.5-1 安装迎火面角钢 图 8.5-2 安装不锈钢硅酸铝复合板

续表

工艺编号	项目/工艺名称	工艺标准	施工要点	图片示例
TGYGY005-2022-BD-DQ	换流变套管大（小）封堵	（6）不锈钢面板、迎火面角钢、中间龙骨、小封堵压条、小封堵抱箍以及防火包边全部为单点接地、牢固可靠、接触良好，不能形成电磁回路	1）使用硅酸铝纤维毯密实填充不锈钢面硅酸铝复合板与套管之间的间隙。 2）硅酸铝纤维毯错缝拼接，填充至硅酸铝纤维毯无法按压且略高于防火板表面。 3）安装中间层挡火圈，安装燕尾扣锁紧挡火圈，在挡火圈与套管接缝处施加耐火密封胶，并进行压实，连续无断点。 （5）安装阀厅内侧不锈钢面岩棉复合板： 1）在第 1 块不锈钢面岩棉复合板与底边接触位置放置 1 层硅酸铝纤维毯，将第 1 块不锈钢面岩棉复合板吊装至安装位，保证不锈钢面岩棉复合板与墙体之间间隙基本相等。 2）使用燕尾钉固定不锈钢面岩棉复合板于龙骨方管上，每隔一定距离安装一个燕尾钉，在燕尾钉头部施加耐火密封胶。 3）将第 2 块不锈钢面岩棉复合板吊装至安装位置，不锈钢面岩棉复合板距离两侧墙体距离相等，不锈钢面岩棉复合板卡口咬合正确。 （6）安装柔性封堵： 1）在不锈钢面硅酸铝复合板表面均匀涂抹少量防火密封胶，将柔性封堵粘贴于不锈钢面硅酸铝复合板表面，使用压条固定四周，压条拼接处留有 3～5mm 的间隙，使用燕尾钉固定。 2）在套管升高座表面均匀涂抹防火密封胶，将新柔性封堵包裹套管升高座，使用夹箍进行固定，使用螺栓固定下侧安装孔。 3）使用防火密封胶在套管升高座表面封堵边缘	图 8.5-3 安装中间龙骨 图 8.5-4 安装中间层封堵

续表

工艺编号	项目/工艺名称	工艺标准	施工要点	图片示例
TGYGY005-2022-BD-DQ	换流变套管大（小）封堵		打胶一周，要求连续无断点。 4）使用棉布、酒精对封堵表面进行清理。 （7）安装防火包边： 1）沿岩棉板四周贴一周 10mm 厚防火板，覆盖岩棉板，固定用燕尾钉；在防火板两侧施加一圈密封胶，压实，要求连续无断点。 2）按照图纸，由下到上依次安装防火包边，在包边内密实填充硅酸铝纤维毯，外侧使用燕尾钉固定，调整包边的位置，保证包边拐角拼接缝对齐。 3）沿包边外边缘使用防火胶密封，要求无断点且完全填充包边与墙面空隙处。 4）沿包边内边缘使用防火密封胶打胶一周并且沿拼接缝进行打胶，连续无断点。 （8）接地： 1）使用 $16mm^2$ 接地线依次将压条两两相接，中间留有一处断点，最后使用 $35mm^2$ 的接地线与接地铜排相接，使用线卡固定接地线，每 400mm 固定一个线卡。 2）使用 $35mm^2$ 的接地线对夹箍进行接地，使用螺栓固定于下侧安装孔，夹箍单边接地，螺栓与夹箍间安装绝缘垫。 3）不锈钢面板之间采用 $35mm^2$ 黄绿软铜线单点良好跨接，最终采用 $35mm^2$ 黄绿软铜线单点接入接地铜排。 4）龙骨左侧绝缘，右侧接触，最后使用 $35mm^2$ 黄绿软铜线进行单点接地。 5）迎火面角钢每两根之间使用 $35mm^2$ 接地线进行跨接，最后使用 $35mm^2$ 接地线单点接地	 图 8.5-5　安装阀厅内岩棉复合板  图 8.5-6　接地处理

第9章　调相机设备安装工艺标准

9.1　调相机本体安装工艺标准

工艺编号	项目/工艺名称	工艺标准	施工要点	图片示例
TGYGY006-2022-BD-DQ-01	调相机吊装就位	（1）定子起吊就位设备无损伤，位置准确。 （2）定子端盖法兰结合面外观应平整，无毛刺和辐向沟槽。 （3）定子端盖法兰结合面间隙≤0.05mm。 （4）定子台板就位后其纵、横中心线、标高与设计值的允许偏差应为1.0mm	（1）钢丝绳应绑扎在定子外壳专用吊耳上。吊耳的固定螺栓应齐全并紧固，与起吊有关的建筑结构、起重机械、辅助起吊设施等强度必须经过核算，并应做性能试验，以满足起吊要求。液压顶升法重点核算支撑系统强度，检查液压提升装置卡爪、提升液压缸完好；逐一检查钢绞线有无断丝、折弯等，最后检查整套系统协调性和同步性。 （2）空冷和双水内冷调相机定子起吊前，混凝土基础的风道和金属风道应清理干净，金属风道应在定子就位前吊入基础框架内。 （3）起吊时应监视起重设备和建筑结构无异常，定子应始终保持水平。 （4）定子台板安装定位后，配制定位锚固板两侧的永久垫片，两侧间隙应符合图纸要求	 图9.1-1　液压提升法  图9.1-2　液压顶升法

续表

工艺编号	项目/工艺名称	工艺标准	施工要点	图片示例
TGYGY006-2022-BD-DQ-02	调相机穿转子	（1）定子、转子清扫，检查内部清洁，无杂物。 （2）穿转子前定子和转子相关实验完成并合格。 （3）穿转子时设备无碰撞、损伤	（1）转子上的套箍、风扇、滑环、轴颈、风挡、油挡、引出线等处，双水内冷转子励磁端的联轴器及连接水管的小套箍等处，均不得作为起吊和支撑的施力点，安装过程中不得碰撞。 （2）钢丝绳绑扎不得损伤转子表面，应用软性材料缠裹钢丝绳或用柔性吊索吊装。穿转子时，钢丝绳在转子上应有两个绑扎点，两点之间的距离不得少于500～710mm，绑扎时应防止钢丝绳滑动。 （3）吊索在转子上应绑扎牢固，吊索应缠绕转子并锁紧，并在转子表面垫以硬木板条或铝板。 （4）在起吊和用转子本体支撑本身重量时，应使大齿在垂直方向。 （5）轴流式风扇叶片顶部直径大于护环直径的转子，在穿入定子前，应先将叶片拆除防止碰伤，叶片应做好标记，按原位复装。 （6）穿转子前应认真检查并确认前轴承洼窝、出水支座洼窝等与定子同心，转子联轴器所要通过的全部洼窝内径应大于联轴器外径，以保证转子联轴器能顺利通过。 （7）当后轴承座悬挂于转子上同时就位时，轴颈和上轴瓦间应垫软质垫料，使之有一定的紧力，防止轴承座窜动。 （8）采用滑块或小车等专用工具穿转子时，弧形钢板下应垫以整张软质垫片，避免在抽出弧形钢板时损伤铁芯；在整个穿转子过程中，定子两端线圈应安放胶垫保护。 （9）起吊转子时应保持水平，穿转子时应缓慢、	 图 9.1-3 单行车穿转子 1  图 9.1-4 单行车穿转子 2  图 9.1-5 单行车穿转子 3

续表

工艺编号	项目/工艺名称	工艺标准	施工要点	图片示例
TGYGY006-2022-BD-DQ-02	调相机穿转子		平稳，防止转子摆动，转子和钢丝绳均不得擦伤定子所有部件和绝缘。 （10）采用单行车穿转子重点控制吊装点与转子重心的距离；采用双行车穿转子重点控制两台行车的吊装点和两台行车的负荷分配及同步性。 （11）穿转子过程中，如需临时支撑转子以倒换吊索时，应使安装短轴或联轴器承力。 （12）端盖轴承式调相机的穿转子工作，从开始起吊直至装好端盖的所有工作应连续完成，不得中止。 （13）在穿转子过程中，进入定子内部的工作人员身上应无异物，严禁任何物品掉入定子内部	图9.1-6　双行车穿转子1 图9.1-7　双行车穿转子2
TGYGY006-2022-BD-DQ-03	轴承座安装	（1）轴承座渗油试验合格，表面应无裂纹。 （2）轴瓦与轴承座球面接触要不低于75%，且均匀分布。 （3）调整调相机前后轴承座洼窝中心，允许偏差小于0.05mm。 （4）轴承座与台板之间应平整，其纵向水平扬度应接近轴颈的水平扬度，横向水平扬度趋近于0，偏差应不超过0.20mm/m	（1）轴承座渗油试验：在油室加入煤油，在下半轴承座底部涂上白色油漆，观察是否有油渍渗漏，要求24h内油室无渗漏现象即合格。 （2）调相机定子端盖拆除后，将轴承装配单独安装在轴承台板上，通过拉钢丝找定子及轴承的中心并定好台板和轴承座的位置（使用内径千分尺及钢丝）。 （3）待转子穿入调相机后，将出线端及非出线端的轴承座移至转子轴颈下方，并放置在轴承座台板上，拉钢丝调整调相机前后轴承座洼窝中心。轴承座与台板之间应垫整张钢质调整垫片	图9.1-8　轴承座渗油试验 图9.1-9　轴承座初找中心

续表

工艺编号	项目/工艺名称	工艺标准	施工要点	图片示例
TGYGY006-2022-BD-DQ-04	风扇叶片安装	（1）风叶位置、角度按编号标记。 （2）风叶紧固力矩应符合厂家要求。 （3）风扇罩结合面销钉及螺栓应均匀拧紧，有防松脱措施。 （4）各叶片与风扇罩的最小径向间隙应符合制造厂要求，制造厂无要求时，宜为1.5～2.0mm	（1）叶片表面应光洁、无裂纹、无毛刺、无机械损伤。 （2）在现场组装的叶片，其位置、角度、旋转方向应符合制造厂的编号标记和图纸要求。 （3）风扇叶座与风扇环叶轮之间的结合可用涂色法检查密实、不松旷。 （4）叶片安装紧固时，应使用力矩扳手以保证紧固均匀并应锁紧，紧固力矩应符合制造厂要求并作记录。 （5）现场安装的或制造厂已装好的叶片，应用铜棒敲击进行听音检查，出现哑音时，应查明原因并处理。 （6）风扇安装完毕，用1000V绝缘电阻表测量转子对地绝缘电阻值应符合规定	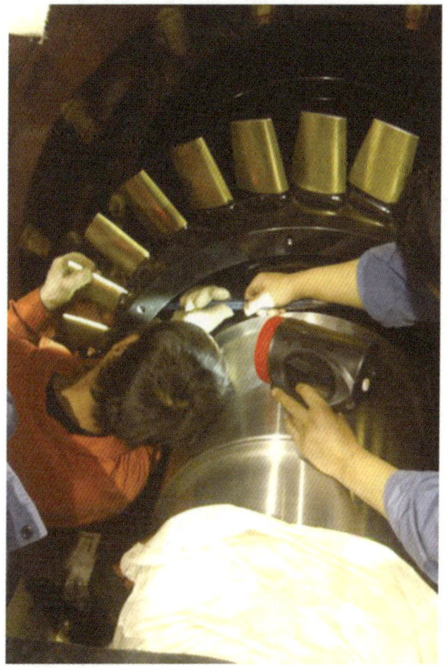 图 9.1-10　调相机风扇防松脱
TGYGY006-2022-BD-DQ-05	油挡安装	用0.05mm塞尺塞入油挡中分面接触部位，其深度不超过面宽度的1/4	（1）泄油孔畅通，方向正确，断面满足排油量。 （2）对地绝缘电阻应符合厂家要求	 图 9.1-11　调相机油挡安装

续表

工艺编号	项目/工艺名称	工艺标准	施工要点	图片示例
TGYGY006-2022-BD-DQ-06	端盖安装封闭	（1）端盖内部安装完毕，符合要求，清洁、无杂物。 （2）密封胶应填密实	（1）端盖封闭前必须检查调相机定子内部清洁、无杂物，各部件完好，各配合间隙符合制造厂技术文件的要求；电气和热工的检查试验项目已完成并办理检查签证。 （2）端盖法兰平面应清理完毕。 （3）当采用橡胶条密封时，橡胶条断面尺寸的选取应符合制造厂要求，并有足够弹性，搭接处工艺应符合制造厂要求。 （4）空冷、双水内冷调相机端盖与台板、端盖与机壳间的结合面如垫有纸板等垫料时，垫料应平整、无间断、无皱折	图9.1-12　端盖封闭
TGYGY006-2022-BD-DQ-07	调相机轴承安装	（1）绝缘板检查层间间隙≤0.05mm。 （2）瓦套绝缘电阻≥0.5 MΩ。 （3）轴颈顶部与轴瓦间隙符合制造厂要求。 （4）各层结合面间用0.05mm塞尺检查应无间隙	（1）调相机轴瓦球面座内外套与端盖之间应使用整张绝缘板，厚度应均匀，表面应清洁、无毛刺、无卷边，其单层厚度和总厚度应符合制造厂的要求。 （2）为便于测量绝缘数值，可在两层绝缘板之间设整张的金属垫片，垫片安装应平整。 （3）上下瓦套水平中分面处的绝缘垫板也应符合上述规定，左右两块厚度应相同。 （4）轴瓦球面座的内外套与绝缘板之间的接触应密实，外圆周的紧固螺钉应拧紧，在水平中分面处，绝缘板应与轴瓦球面座内外套平齐。 （5）正式组装完毕后，轴瓦球面座内外套之间的绝缘电阻值应符合要求	图9.1-13　轴承绝缘测量 图9.1-14　轴承瓦枕与轴承座接触

续表

工艺编号	项目/工艺名称	工艺标准	施工要点	图片示例
TGYGY006-2022-BD-DQ-07	调相机轴承安装			图 9.1-15　轴承瓦枕与轴瓦接触
TGYGY006-2022-BD-DQ-08	碳刷架安装	导电环对地绝缘电阻值≥0.5 MΩ	(1) 外观清理干净，无铁屑。 (2) 集电环径向间隙四周均匀	图 9.1-16　碳刷架安装
TGYGY006-2022-BD-DQ-09	盘车装置安装	(1) 外观检查，无裂纹、砂眼，部件光滑，无毛刺。 (2) 电动盘车内部检查螺栓及紧固件锁紧，内部各进回油孔清洁、畅通、无堵塞。 (3) 安装基础平面度 0.05。	(1) 盘车到场开箱清理，宏观检查盘车装置，内部检查清理，无杂物。 (2) 盘车轴套检查轴套内齿是否有损坏、裂纹，必要时可进行着色检查。 (3) 盘车轴套与转子专用螺栓进行连接，测量调整转子与轴套的晃度、同心度，并按力矩要求对螺栓进行紧固（注：紧固后的晃度、同心度符合要求）。 (4) 对盘车装置与轴套进行组装，使用厂供专	图 9.1-17　晃度、同心度测量

续表

工艺编号	项目/工艺名称	工艺标准	施工要点	图片示例
TGYGY006-2022-BD-DQ-09	盘车装置安装	（4）惰轮与轴系大齿轮之间应作侧隙检查，侧隙为：0.3～0.4mm，齿轮端面位置误差0.5mm。齿轮做接触检查，齿向75%、齿高50%。 （5）盘车轴套与转子组装后，晃度、同心度符合厂家要求（标准≤0.03mm），盘车与转子中心符合厂家要求（一般圆周偏差、张口偏差≤0.05mm）。 （6）盘车装置定位销开孔	用工具测量盘车与转子的中心，通过加装垫片调整盘车的上下圆周偏差及张口，左右移动调整轴向的圆周及张口。 （5）所有数据合格后盘车装置定位，使用磁力钻在台板上开孔，安装定位销	图9.1-18　盘车中心测量
TGYGY006-2022-BD-DQ-10	冷却器安装	（1）安装前对基础进行检查。 （2）空气冷却器安装前进行水压试验。 （3）冷却器安装后密封胶条及密封板的安装。 （4）冷却器安装过程中，对冷却器铜齿的保护。	（1）空气冷却器安装前检查基础标高是否符合要求，基础预埋板是否全部安装，基础孔洞是否与图纸相符，若不相符，及时与土建安装单位沟通处理。 （2）空气冷却器开箱后检查铜齿是否有损坏；对冷却器进行水压试验，按厂家要求，试验压力为工作压力的1.5倍，保压30min，无变化即合格。 （3）冷却器安装时，先将支撑架安装好并且调整好位置，且与埋板焊接固定；冷却器推入就位	图9.1-19　冷却器打压

续表

工艺编号	项目/工艺名称	工艺标准	施工要点	图片示例
TGYGY006-2022-BD-DQ-10	冷却器安装	（5）冷却器与孔洞埋件的焊接	后，按照厂家要求加装密封胶皮、密封板安装，螺栓紧固后在密封板四周涂抹上密封胶，防止漏风；在冷却器的安装过程中，一定要做好设备的防护措施，注意不要损坏铜齿，若铜齿损坏，使用专用的梳齿进行修刮。 （4）冷却器及盖板安装完毕后，与孔洞处四周埋件进行满焊密封，防止漏风	图 9.1-20　冷却器就位 图 9.1-21　冷却器盖板安装
TGYGY006-2022-BD-DQ-11	手包绝缘	（1）母线连接处应清理干净。 （2）使用绝缘材料包裹时应按照厂家说明要求进行。 （3）缠绕时应一层层严密缠绕，并均匀涂抹胶水。 （4）缠绕完成后按照要求时间进行固化，固化完成后进行红瓷漆涂刷	（1）设备材料到货后进行清点，并对出线软连接处进行清理，保证通风良好。 （2）使用浸渍绝缘材料的涤纶紧密包扎螺栓之间锁紧螺帽。 （3）使用浸渍绝缘材料的涤纶包扎填平螺栓缝隙，消除气隙形成包扎面。 （4）半迭绕使用云母带缠绕软连接，中间涂刷厂供胶水。 （5）缠绕完成后，最外层半迭绕玻璃丝带。 （6）保持通风等待材料固化后，涂刷绝缘漆。 （7）固化完成后涂刷红瓷漆	图 9.1-22　手包绝缘 1 图 9.1-23　手包绝缘 2

9.2　调相机润滑油系统安装及冲洗工艺标准

工艺编号	项目/工艺名称	工艺标准	施工要点	图片示例
TGYGY007-2022-BD-DQ-01	润滑油系统管路安装	（1）阀门为钢制明杆阀门，更换盘根，阀门内部清洁，无渗漏。 （2）事故放油门距油箱5m外，且串联两个明杆阀门。 （3）法兰结合面平整、无毛刺，平焊法兰内外侧焊接。 （4）密封垫采用耐油、耐高温垫片，厚度≤1mm。 （5）油管内外及管件、支架清理干净，管卡、支架安装牢固。 （6）回油管安装，回油坡度3%～5%。 （7）润滑油管膨胀量、焊口不允许强力对口。 （8）油管与其他管路距离宜>150mm。 （9）支吊架安装牢固、可靠、美观；与异种钢接触应有隔离措施。	（1）到场阀门根据图纸要求核对阀门规格、型号、材质及压力等级。油系统阀门盘根、垫片宜更换为聚四氟乙烯盘根、垫片。 （2）事故放油阀门井距油箱5m外，且串联两个明杆阀门，门杆水平或倒立安装，注意阀门进、出口方向正确；两道阀门之间管道安装一检漏门，检漏门常开状态。阀门安装完毕将阀门关死，绑扎铅丝，设置“禁止操作”警示牌。 （3）法兰检查：密封面平整，无毛刺、贯穿伤痕；平焊法兰内外侧焊接，焊接时注意保护法兰密封面。 （4）密封垫宜采用聚四氟乙烯垫片，垫片表面应光滑，无毛刺、贯穿伤痕；密封垫安装时与法兰密封面紧密结合、必要时涂抹密封胶，法兰螺栓对角均匀紧固。 （5）油管管道、管件清理并做金属检测，管道内部用酒精、白布擦拭干净，清理完的管道经验收合格后管口做好封堵。 （6）油管道安装过程用水准仪、水平尺测量、调整回油坡度，使回油坡度与设计相符。 （7）油管道焊接，管道坡口应与焊接规程相符，管道焊接应氩弧打底。 （8）油管道安装时结合调相机厂房布置图，检查油管道布置区域有无其他管道，如有与其他管道相撞或距离太近，尽快联系相关部门，及时解决该问题，以免影响施工。	 图9.2-1　油管道安装1  图9.2-2　油管道安装2

续表

工艺编号	项目/工艺名称	工艺标准	施工要点	图片示例
TGYGY007-2022-BD-DQ-01	润滑油系统管路安装	(10) 就地压力表、温度计安装位置正确、安装牢固	(9) 支吊架根据设计位置及现场实际情况安装，避免支吊架安装偏斜。 (10) 压力表、温度计根据设计位置安装，需现场开孔的应在管道安装前开好预留孔，并将内部清理干净，压力表、温度计经校验合格后安装，垫片宜使用聚四氟乙烯垫片	 图 9.2-3　油管道安装 3
TGYGY007-2022-BD-DQ-02	润滑油系统冲洗循环	(1) 系统安装完毕，管道连接正确，符合图纸要求。 (2) 各系统冲洗循环，系统法兰接口连接紧密，温度、压力测点安装齐全、无渗漏现象。 (3) 系统无跑、冒、滴、漏等现象。 (4) 系统冲洗采取变温措施，温度最高不超过 80℃。 (5) 系统冲洗循环油质达到 NAS7 级及以上，颗粒度符合 NAS7 级要求。	(1) 事故排油系统安装完毕，阀门全部关闭，事故排油系统管道法兰连接完毕，阀门井至厂外事故油池管道安装完毕，事故油池内部清理干净。 (2) 润滑油储存系统及油净化系统管道安装完毕，与设备接口法兰连接完毕，无遗漏，系统压力、温度测点安装齐全，无遗漏，垫片宜更换为聚四氟乙烯垫片，系统所有阀门关闭。 (3) 主机润滑油管道安装完毕，系统与各轴瓦短路，管道支吊架调整完毕，系统法兰接口垫片宜更换为聚四氟乙烯垫片，并紧固牢固，系统压力、温度测点安装齐全、无遗漏。 (4) 顶轴油系统管道安装完毕，顶轴油管与轴瓦连接管道短路。 (5) 主油箱排油烟管道安装完毕，排烟风机试运完毕。 (6) 润滑油系统冲洗循环临时管道安装完毕，所有法兰接口检查连接牢固；临时大流量滤油机	 图 9.2-4　润滑油事故排油阀门  图 9.2-5　储油箱有关管道

续表

工艺编号	项目/工艺名称	工艺标准	施工要点	图片示例
TGYGY007-2022-BD-DQ-02	润滑油系统冲洗循环	（6）顶轴油系统冲洗及严密性试验，检查系统焊缝、接头无渗漏	安装完毕，滤油机试运正常，满足系统冲洗循环条件。 （7）集装油箱顶部设备安装完毕，油箱内部加热器、滤网等安装正确、牢固，油箱各测点安装完毕、无遗漏，液位计安装完毕。油箱内部管口封堵拆除，并清理干净，验收封闭。 （8）脏净油箱连接管道法兰检查，无遗漏，液位计、温度测点安装齐全，所有法兰堵板垫片宜更换为聚四氟乙烯垫片，内部滤网、隔板安装正确、牢固，内部清洁、干净经验收合格封闭。 （9）油净化有关管道冲洗循环，将主油箱至油净化装置入口手动门开启，油净化至主油箱回油手动门开启，检查系统有无渗漏，开启油净化装置。 （10）各系统冲洗循环合格后，启动交流润滑油泵，通过交流润滑油泵，使系统循环，移动式滤油机持续滤油循环，至汽轮机试运结束	 图9.2-6　顶轴油管道 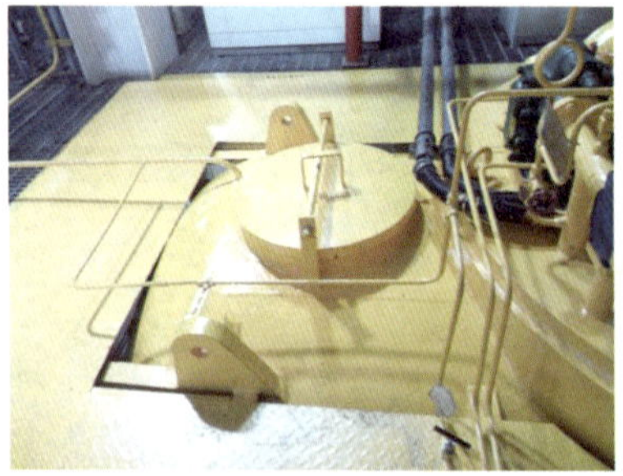 图9.2-7　油箱封闭 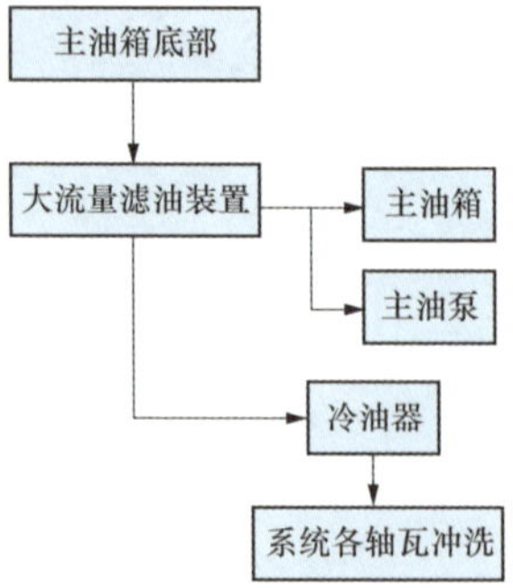 主油箱底部 大流量滤油装置 主油箱 主油泵 冷油器 系统各轴瓦冲洗 图9.2-8　润滑油系统冲洗

9.3 调相机水系统安装及冲洗工艺标准

工艺编号	项目/工艺名称	工艺标准	施工要点	图片示例
TGYGY008-2022-BD-DQ-01	水系统设备安装	（1）基础预埋件中心偏差≤10mm，标高偏差≤10mm。 （2）设备各附件齐全，安装正确，外观完好，无损伤。 （3）设备安装完成后，进行焊接固定	（1）基础复测：基础预埋件位置正确，根据辅冷装置安装图，在基础上画纵横中心线，检查预埋件的位置偏差，复测标高。 （2）设备到场后，检查设备各附件是否完好，无损坏。 （3）设备就位：就位时根据安装图纸确认辅冷装置方向正确；辅冷装置中心与基础中心重合；垫铁配置于预埋板和设备承力位置	图 9.3-1 水系统设备安装
TGYGY008-2022-BD-DQ-02	水系统管道安装	（1）预制管道材质确认，规格、型号确认，管道内部吹扫清理，管道封堵；检查阀门规格、型号符合设计要求，阀门严密性试验合格，阀门接头转动灵活、无卡涩，方便操作。 （2）冷却水管道的组装与焊接：按照图纸要求，连接相应的水管道；法兰连接检查法兰的倾斜度、法兰垫片、螺栓螺母；管道阀门安装符合要求。	管道安装标高、位置、坡度符合设计要求；坡口表面及两侧母材无油、漆、垢、锈等，且露出金属光泽，无裂纹、无破损等缺陷；管道焊缝检测符合规定；管道法兰组装应按管线图编号进行组装，法兰垫片采用聚四氟乙烯垫片，法兰处螺栓、螺母材质、规格符合设计要求，穿装方向一致，紧力均匀，螺母位于法兰同一侧并便于拆卸	图 9.3-2 管道焊接

续表

工艺编号	项目/工艺名称	工艺标准	施工要点	图片示例
TGYGY008-2022-BD-DQ-02	水系统管道安装	（3）管道支吊架配制与装配：支吊架安装牢固、可靠、美观，与异种钢接触应有隔离措施。 （4）冷却水管道严密性试验：水压试验水质清洁，试验压力表不少于2块，且精度为1.6级；试验压力为工作压力的1.5倍，保持30min无压降、无渗漏		图9.3-3　管道支吊架焊接 图9.3-4　管道组装
TGYGY008-2022-BD-DQ-03	水系统冲洗	（1）选用的临时管道要求截面积大于被冲洗管道的60%；临时管道安装要稳固且需要加装相应的支吊架进行固定。	（1）管道系统冲洗应在压力试验合格后进行。冲洗前应考虑支吊架的牢固程度，必要时应予以加固。选用临时管道符合要求。 （2）管道冲洗应按先主管、后支管，最后疏、放水管的顺序进行。水冲洗的放水管应接入可靠的排水井中，并应保证排泄畅通和安全。	

续表

工艺编号	项目/工艺名称	工艺标准	施工要点	图片示例
TGYGY008-2022-BD-DQ-03	水系统冲洗	（2）管道冲洗应使用洁净水，冲洗不锈钢、镍及镍合金管道时，水中氯离子的含量不得超过 25μL/L	（3）冲洗作业应连续进行，直至辅冷装置处的滤网检查无杂物即为合格。管道系统清洗后，对可能留存脏污杂物的部位应用人工加以清除	图 9.3-5　临时管道加装，管道冲洗 图 9.3-6　设备滤网检查清理
TGYGY008-2022-BD-DQ-04	化学水系统安装	（1）基础预埋件中心偏差≤10mm，标高偏差≤10mm。 （2）设备各附件齐全，安装正确，外观完好，无损伤。 （3）设备安装完成后，进行焊接固定。 （4）管道采用水压试	（1）基础复测：基础预埋件位置正确，根据化学水系统安装图，在基础上画纵横中心线，检查预埋件的位置偏差，复测标高。 （2）设备就位：就位时根据安装图纸确认化学水系统方向正确；化学水装置中心与基础中心重合；垫铁配置于预埋板处和设备承力位置。 （3）管道水冲洗按先主管、后支管，最后疏、放水管的顺序进行。水冲洗的放水管应接入可靠的排水井中，并应保证排泄畅通和安全	图 9.3-7　化学水系统及管道安装

续表

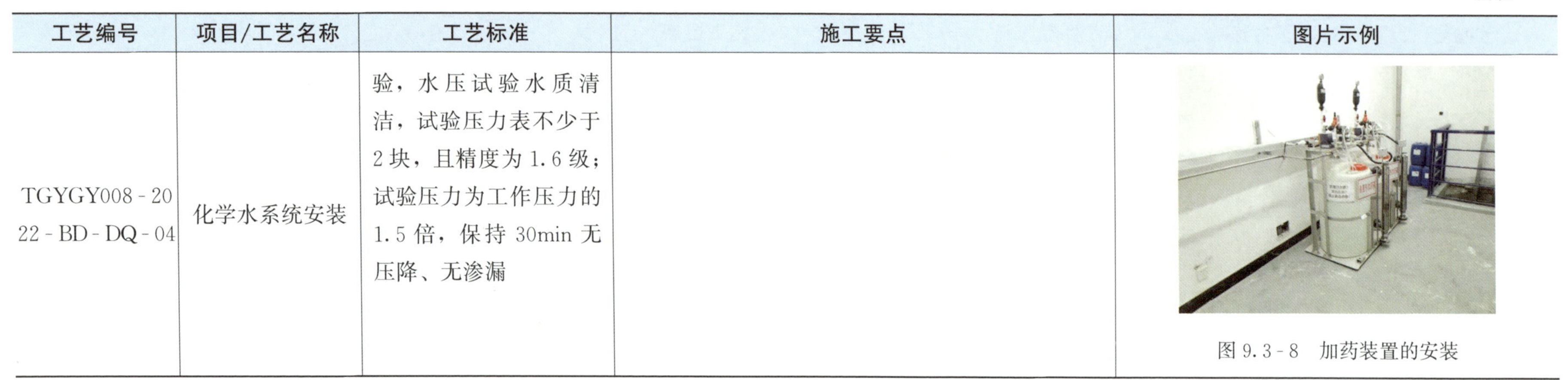

工艺编号	项目/工艺名称	工艺标准	施工要点	图片示例
TGYGY008-2022-BD-DQ-04	化学水系统安装	验，水压试验水质清洁，试验压力表不少于2块，且精度为1.6级；试验压力为工作压力的1.5倍，保持30min无压降、无渗漏		图9.3-8　加药装置的安装

9.4　调相机出口电气设备安装工艺标准

工艺编号	项目/工艺名称	工艺标准	施工要点	图片示例
TGYGY009-2022-BD-DQ	封闭母线安装	（1）支架安装必须牢固，支架间标高偏差≤1mm。支架所有焊接处必须打磨光滑，刷防锈漆。 （2）封母外壳及导体外观无损伤、裂纹及变形，焊缝无咬边、裂纹及弧坑，油漆无漏刷、爆皮、脱落。 （3）母线导体与外壳之间的不同心度≤5mm。 （4）导体与上壳不同心度≤3mm，断口间组装间隙分布均匀。对口中心偏差≤3mm，相间中心偏差≤5mm，三相母	（1）每段封闭母线在安装前，要检查其绝缘，作好自检记录，并进行一次交流耐压试验。 （2）安装前检查固定母线和外壳之间的支持件，对封闭母线充气后有可能发生的漏气点进行详细的、严格的检查、修补、添加密封胶（密封胶应涂抹在压力侧）。 （3）安装前将母线各段按外壳上所标注的相序和段编号通过支吊架试排列一次，如出现误差（允许误差范围内），应将误差按比例分配到各个接口上。 （4）封母下边的支架及抱箍安装时，注意三角支架垫非导磁性材质物体，安装发电机封母抱箍时，需用非导磁性材质物体，抱箍连接处间隙有一定距离，连接处螺丝需用非导磁性材质螺丝。	图9.4-1　封闭母线安装1 图9.4-2　封闭母线安装2

续表

工艺编号	项目/工艺名称	工艺标准	施工要点	图片示例
TGYGY009-2022-BD-DQ	封闭母线安装	线标高偏差≤3mm。 (5) 导体伸缩节对地距离≥180mm，外壳伸缩节密封良好，相色标志齐全清晰。 (6) 螺栓、垫圈、弹簧垫圈、螺母等应紧固、可靠	(5) 为了防止定子短路铜牌发热，封闭母线金属外壳做好接地措施	图 9.4-3　封闭母线安装 3

9.5　调相机仪表设备安装工艺标准

工艺编号	项目/工艺名称	工艺标准	施工要点	图片示例
TGYGY010-2022-BD-DQ-01	管路敷设	(1) 测量管路外观完好，材质、型号符合设计要求。 (2) 测量管路长度应≤50m。 (3) 测量管路两管中心距离为 2*D*（*D* 为导管外径）。 (4) 测量管路对口时，应无错口。 (5) 不锈钢管道固定时，应采用不锈管垫片与支架、管卡隔离。 (6) 测量管路膨胀或震动较大处，应加装补偿装置。 (7) 管路支架的间距应均匀，各种管子所用的支架距离为：无缝钢管水平敷设时，1～	(1) 仪表管支架制作、焊接应牢固可靠、美观整齐，尺寸偏差不得超出规范要求，并符合仪表管坡度的要求。花角钢在下料时应注意孔距，花角钢孔距应能满足此要求。 (2) 支架上固定导管用的卡子应能拆卸，用镀锌螺丝将导管固定在支架上。若成排敷设，两管的间距应均匀且保证两管中心距离为 2*D*（*D* 为导管外径）。管卡必须与管径匹配，固定牢固。 (3) 管路支架禁止直接焊在承压管道、容器以及需要拆卸的设备结构上，严禁焊在合金钢和高温高压的部件上，以免影响主设备的机械强度。在金属结构焊接时要符合焊接专业的相关规定。必须在上述设备构件上固定时，采用抱箍的方法固定支架。在有保温层的主设备上敷设导管时，其支架高度应使导管敷设在保温层以外	图 9.5-1　管路敷设 1

续表

工艺编号	项目/工艺名称	工艺标准	施工要点	图片示例
TGYGY010-2022-BD-DQ-01	管路敷设	1.5m，垂直敷设时，1.5～2m；铜管、塑料管水平敷设时，0.5～0.7m，垂直敷设时，0.7～1m。支架安装后其水平和垂直误差不能超过水平长度和垂直高度的1%，不锈钢管的支架须用镀锌角钢		图9.5-2　管路敷设2
TGYGY010-2022-BD-DQ-02	测温元件安装	（1）测温元件绝缘电阻≥100MΩ。 （2）测孔深度与加工要求一致。 （3）测温元件引出线，材质耐油、耐温。 （4）测温元件引出线固定牢固，导线应留有余量	（1）轴瓦温度元件安装，先用丙酮和酒精对预留好的测孔进行清洗。 （2）把温度元件插入测孔，使热端紧抵在瓦底后锁紧固定件。 （3）引出线在绕过棱角的地方应穿上聚氯乙烯塑料套管进行绝缘防护，并沿着轴瓦的边缘用固定卡将导线固定。 （4）引出轴瓦座处做好防渗漏油措施。 （5）安装完毕后用万用表进行测量确保其完好无损	图9.5-3　测温元件安装（仅瓦温）
TGYGY010-2022-BD-DQ-03	轴振元件安装	（1）测点位置与设计相符。 （2）核对探头的型号规格应符合设计要求，外观无残损，用500V绝缘电阻表测量绝缘电阻≥5 MΩ。	（1）按照厂家图纸所示位置在油循环前进行探头支架安装，支架应固定牢固并将固定螺丝加装止动锁片。 （2）探头安装调整就是按各部分规定间隙及间隙输出电压参数调定后锁紧防松锁母的过程，探	

续表

工艺编号	项目/工艺名称	工艺标准	施工要点	图片示例
TGYGY010-2022-BD-DQ-03	轴振元件安装	（3）测振元件，绝缘电阻≥10MΩ。 （4）测振元件固定，牢固并有弹簧垫。 （5）与轴承盖刚性连接且牢固。 （6）轴承座对地绝缘电阻≥0.50MΩ。 （7）引出线处密封，无泄漏；线号标识正确，清晰，不褪色	头安装调整完成后，应复查间隙或间隙电压。 （3）探头安装调整过程中，严防高频接头与轴承金属相碰。传感器与前置器之间连接的高频电缆型号、长度不得任意改变，高频接头应用热缩套管密封并绝缘浮空。 （4）安装前，机械量传感器需送第三方政府质量监督权威机构检验合格。 （5）轴振安装时将探头与转轴保持垂直，然后慢慢旋进探头支架，要求测量间隙电压，符合要求后锁紧固定螺母且做好记录	图9.5-4　轴振元件安装
TGYGY010-2022-BD-DQ-04	瓦振元件安装	（1）测点位置与设计相符；测振元件绝缘电阻≥100MΩ。 （2）测振元件应固定牢固并有弹簧垫。 （3）与轴承盖刚性连接，且牢固。 （4）轴承座对地绝缘电阻≥0.5MΩ。 （5）线号标识正确，清晰，不褪色。 （6）核对探头的型号规格应符合设计要求，外观无残损，用500V绝缘电阻表测量绝缘电阻≥5 MΩ	（1）安装前，机械量传感器需送政府质量监督权威机构检验合格。 （2）探头安装调整就是按各部分规定间隙及间隙输出电压参数调定后锁紧防松锁母的过程，探头安装调整完成后，应复查间隙或间隙电压	图9.5-5　瓦振元件安装

续表

工艺编号	项目/工艺名称	工艺标准	施工要点	图片示例
TGYGY010-2022-BD-DQ-05	转速探头安装	（1）测速支架安装牢固。 （2）测点位置安装正确。 （3）引出线处密封，无泄漏。 （4）测速探头方向对准齿轮顶部。 （5）测速探头齿轮数量正确。 （6）测速探头与齿轮间隙，符合制造厂要求。 （7）接线牢固可靠；线号表示正确，清晰，不褪色。 （8）探头的型号规格应符合设计要求，外观无残损，用500V绝缘电阻表测量绝缘电阻≥5 MΩ	（1）检查探头支架安装附件数量是否齐全，支架与探头螺纹应接触良好，拧动时无卡涩现象，且支架强度符合制造厂家规定，支架应固定牢固并将固定螺丝加装止动锁片。 （2）探头安装调整就是按各部分规定间隙及间隙输出电压参数调定后锁紧防松锁母的过程，探头安装调整完成后，应复查间隙或间隙电压。 （3）探头安装调整过程中，严防高频接头与轴承金属相碰。传感器与前置器之间连接的高频电缆型号、长度不得任意改变，高频接头应用热缩套管密封并绝缘浮空。 （4）安装前，机械量传感器需送第三方政府质量监督权威机构检验合格	图9.5-6　转速探头安装

第 10 章 1000kV 串联电容器补偿装置安装工艺标准

工艺编号	项目/工艺名称	工艺标准	施工要点	图片示例
TGYGY011-2022-BD-DQ-01	基础验收	(1) 串联电容器补偿装置（简称串补装置）平台基础表面几何尺寸满足要求，无蜂窝麻面，强度满足设计、规范要求。 (2) 串补装置平台基础中心线与定位轴线位置的允许偏差≤5mm，支柱绝缘子基础顶面标高的允许偏差≤2mm。 (3) 每组地脚螺栓中心偏移≤2mm，预埋地脚螺栓水平高度偏差≤2mm。地脚螺栓露出部分采用热浸镀锌防腐、丝扣完好	(1) 基础施工质量应符合国家现行建筑工程施工及验收规范中的有关规定，并取得合格的验收资料。基础混凝土强度应达到设计要求，回填土夯实完成。 (2) 串补装置场地所有基础的标高、尺寸、预埋地脚螺栓的平面位置等应进行复测	 图 10-1 串补装置平台基础验收
TGYGY011-2022-BD-DQ-02	平台地面组装	(1) 平台钢构件镀锌层完好，整体无变形。 (2) 螺栓、高强螺栓紧固力矩符合产品技术文件要求。 (3) 平台附件安装符合产品技术文件及图纸要求。 (4) 平台格栅应固定牢靠，表面平整，设备安装预留孔位置正确；安装完成的格栅间隙≤3mm，格栅表面平面度偏差（1m² 范围内）	(1) 平台钢构件组装使用尼龙吊带，避免损坏、污染钢构件镀锌层。 (2) 平台钢构件组装使用临时螺栓或专用的穿栓销进行定位，定位完成后再安装高强螺栓。 (3) 安装主梁拼接节点及主次梁连接节点时，构件的摩擦面必须保持干燥；高强螺栓初拧、复拧及终拧，按照由螺栓群中央向外逐步拧紧的顺序进行；高强螺栓的紧固在 24h 内完成，完成终拧	 图 10-2 平台主次梁安装

续表

工艺编号	项目/工艺名称	工艺标准	施工要点	图片示例
TGYGY011-2022-BD-DQ-02	平台地面组装	≤6mm。 （5）平台护栏安装完整，光滑无变形	的高强螺栓进行标记；螺栓紧固力矩满足产品技术文件要求，并符合GB 50205—2020的规定。 （4）先安装外端和中间的次梁，测量平台对角线长度并调整到两对角线长度相等，再由两端向中间依次安装其余次梁。 （5）安装过程中分别对主梁上表面、次梁上表面水平度进行多点测量，保证各表面水平。 （6）对照图纸对平台进行复查，在主梁各侧面几何尺寸中心、球节点中心进行标记，用于平台就位时的观测。 （7）串补装置平台格栅、护栏的安装。 1）平台吊装前，完成格栅、护栏的安装。 2）格栅的连接螺栓穿向保持一致，按照由下向上、由外向内的原则安装；格栅与次梁连接的卡具齐全，固定牢靠。 3）平台护栏安装过程中对其表面采取包裹保护的措施，避免损伤其外表面	图10-3　平台护栏安装

续表

工艺编号	项目/工艺名称	工艺标准	施工要点	图片示例
TGYGY011-2022-BD-DQ-03	平台支柱绝缘子安装	（1）串补装置平台基础上的球节点安装高度应符合设计要求；同一串补装置平台球节点轴线偏差≤5mm，高度偏差≤5mm，相邻球节点高度偏差≤2mm。 （2）支柱绝缘子外观清洁，无裂纹，防污闪涂层完好；底座固定牢靠，受力均匀。 （3）安装完成的支柱绝缘子垂直偏差应≤1‰，且≤10mm；各绝缘子间水平高度误差≤2mm。 （4）绝缘子底部与接地网连接牢固，导通良好；同一串补装置平台斜拉绝缘子底座的轴线偏差≤5mm，水平偏差≤5mm	（1）逐节检查其尺寸，记录并编号，依据每节的尺寸进行配柱。对于厂家已配过对柱的绝缘子，现场进行复测，检验其是否满足安装条件。 （2）支柱绝缘子安装过程中，对绝缘子伞裙采取包裹保护措施。 （3）支柱绝缘子吊装使用专用吊点或吊具，由下至上逐节吊装。 （4）绝缘子吊装过程中在两条轴线方向分别设置经纬仪，对绝缘子垂直度进行观察，并使用绝缘子底部临时固定螺栓对其进行调整	图 10-4　平台支柱绝缘子安装 图 10-5　平台斜拉绝缘子安装、调整
TGYGY011-2022-BD-DQ-04	平台吊装及调整	（1）平台吊装应平稳，不能造成平台结构变形。 （2）平台就位后，支柱绝缘子受力均匀，平台水平度符合产品技术文件要求。 （3）斜拉绝缘子安装、调整应符合产品技术文件要求	（1）串补装置平台吊装时采用双起重机抬吊。 （2）吊索使用钢丝吊索，主梁的吊点绑扎处采取保护措施，避免钢构件镀锌层和钢丝绳损伤，串补装置平台四角挂设控制绳以保证其在吊装过程中的稳定。 （3）平台吊装过程中，两台起重机应步调一致。	图 10-6　平台吊装

续表

工艺编号	项目/工艺名称	工艺标准	施工要点	图片示例
TGYGY011-2022-BD-DQ-04	平台吊装及调整		（4）平台平移至支柱绝缘子上方200mm时，对球节点与支柱绝缘子对正情况进行观察，确认无异常后，方可下落；使用高空作业车在平台侧面观察，也可使用无线视频系统、无人机辅助观察，避免吊装中的平台下方有人员活动。 （5）对绝缘子表面采取保护措施，避免被划伤；使用高空作业车配合斜拉绝缘子安装工作。 （6）斜拉绝缘子紧固时横向或纵向的一对绝缘子需要同时紧固，防止在紧固过程中，平台及支柱绝缘子发生偏移。预紧完毕后，起重机松开吊点。 （7）同一个平台只可以同时松开支柱绝缘子间的一对斜拉绝缘子进行调整工作；调整完成后，重新测量平台的水平、支柱绝缘子的垂直度，其垂直度偏差小于10mm。 （8）所有调整工作结束后，可以松开支柱绝缘子下部的临时固定螺栓	图 10-7　安装完成的平台
TGYGY011-2022-BD-DQ-05	串补电容器安装	（1）电容器框架组件平直，长度误差≤2mm/m，连接螺孔应可调。 （2）每层电容器框架水平度误差≤3mm，对角线误差≤5mm。	（1）安装前检查电容器单元与框架连接是否牢固，防止吊装过程中发生物品坠落；检查每只电容器外观、套管引线端子及与电容器连接结合部位有无渗油现象。	

续表

工艺编号	项目/工艺名称	工艺标准	施工要点	图片示例
TGYGY011-2022-BD-DQ-05	串补电容器安装	（3）总体框架水平度误差≤5mm，垂直误差≤5mm，防腐完好。 （4）电容器的配置应使铭牌面向通道一侧，并有顺序编号。 （5）电容器引出端子与导线连接可靠，并且不受额外应力；连接电容器端子的引线应对称一致，整齐美观，母线及分支线应标相色；引出线端螺母、垫圈应齐全	（2）对每台电容器进行电容量试验，如有必要，在厂家指导下对电容量进行配组。 （3）按照电容器框架标示牌上相、塔、层、面的编号，从里到外、从下到上的顺序，依次将电容器吊装到指定位置上，不得随意更换安装位置。安装时保证电容器塔的水平与垂直度。 （4）将电容器支柱绝缘子与底座的连接螺栓紧固至要求力矩值。 （5）管母接线端子与软连接线搭接如需使用铜铝过渡片，注意其铜、铝面的朝向；使用专用工具连接套管软连线，紧固力矩值符合产品技术文件要求。 （6）调整电容器套管压线位置，确保电容器连接线对称一致、整齐美观，有一定松弛度。 （7）正确安装电容器套管防鸟罩，滴水孔在下方	图 10-8　电容器引联线制作 图 10-9　电容器引联线紧固
TGYGY011-2022-BD-DQ-06	电流互感器安装	（1）设备外观清洁，铭牌标识完整、清晰，底座固定牢靠，受力均匀；互感器安装垂直偏差≤1.5mm/m。 （2）并列安装的应排列整齐，同一组互感器的极性方向一致	（1）电流互感器一次接线端子方向符合图纸要求；末屏必须可靠连接平台，导通良好；互感器的本体外壳通过专用等电位线连接平台。 （2）电流互感器固定牢靠，接线正确，二次端子板密封良好。	

续表

工艺编号	项目/工艺名称	工艺标准	施工要点	图片示例
TGYGY011-2022-BD-DQ-06	电流互感器安装		（3）母线穿心式电流互感器安装过程中，对母线采取防护措施，避免磕碰；母线与电流互感器绝缘护套的最小净空距离≥10mm，等电位线连接可靠。 （4）所有安装螺栓力矩值符合技术要求	图 10-10　串补设备安装
TGYGY011-2022-BD-DQ-07	金属氧化物限压器（MOV）安装	（1）设备安装垂直，瓷套外观完整，无裂纹；防污闪涂层完好。 （2）铭牌应位于易于观察的一侧，标识应完整、清晰。 （3）压力释放口方向一致，且避开其他设备	（1）MOV 安装前取下运输时用于保护限压器防爆膜的防护罩，检查防爆膜是否完好、无损。 （2）MOV 支柱绝缘子上法兰盘面处于同一水平面，支柱绝缘子与底座的连接螺栓进行预紧。 （3）安装时依据产品技术文件要求确定 MOV 单元组别，并按出厂编号安装，不得随意调换。 （4）MOV 压力释放口朝向避开人员巡视道路和其他重要设备，每组 MOV 喷口朝向一致。 （5）制作 MOV 引线不应对设备端子造成额外应力。 （6）调整 MOV 垂直偏差≤2mm，将 MOV 支柱绝缘子与底座的连接螺栓紧固至要求力矩值	图 10-11　MOV 安装

续表

工艺编号	项目/工艺名称	工艺标准	施工要点	图片示例
TGYGY011-2022-BD-DQ-08	阻尼装置安装	（1）阻尼器支柱完整、无裂纹，固定可靠；线圈无变形，绝缘漆完好。 （2）阻尼电抗器、电阻器重量应均匀地分配于所有支柱绝缘子上。 （3）阻尼电抗器、电阻器底座应与平台进行等电位连接。 （4）阻尼电抗器安装螺栓、设备接线螺栓应使用非磁性材质	（1）调整阻尼装置支柱绝缘子，使其标高误差控制在 3mm 以内。 （2）电抗器和阻尼器其重量均匀地分配于所有支柱绝缘子上；找平时，使用厂家提供的专用垫片，固定牢靠。 （3）按照产品技术文件要求进行安装，上、下电抗器中心线一致，绝缘子顶帽上加放减震垫。 （4）检查电抗器各支架底脚与基础铁接触牢固，然后进行固定。 （5）电抗器设备接线端子的方向必须符合图纸要求；电抗器接线端子与母线设有过渡软连接，避免在承受短路电流时所产生的电动力损坏接线端子	图 10-12　阻尼器安装
TGYGY011-2022-BD-DQ-09	火花间隙安装	（1）火花间隙安装顺序符合产品技术文件要求；外壳平整、无损伤、无变形。 （2）均压环安装水平，外观光滑无毛刺。 （3）支柱绝缘子无裂纹、固定牢靠	（1）分别按照产品技术文件要求组装火花间隙上、下两层。 （2）将火花间隙的外壳吊起，将套管从外壳底部穿入安装，安装完毕后再进行就位。 （3）由厂家专业人员安装火花间隙石墨电极，放电间隙设置必须符合产品技术文件要求；火花间隙的石墨电极极易损坏，在安装过程轻拿轻放，避免磕碰	图 10-13　火花间隙吊装